電波工学基礎シリーズ **2** ◉新井宏之 監修

# 電波伝搬

岩井誠人・前川泰之・市坪信一 著

朝倉書店

## シリーズ監修

| | | |
|---|---|---|
| <ruby>新井<rt>あらい</rt></ruby> | <ruby>宏之<rt>ひろゆき</rt></ruby> | 横浜国立大学 大学院工学研究院 教授 |


## 著　者

| | | |
|---|---|---|
| <ruby>岩井<rt>いわい</rt></ruby> | <ruby>誠人<rt>ひさと</rt></ruby> | 同志社大学 理工学部 教授 |
| <ruby>前川<rt>まえかわ</rt></ruby> | <ruby>泰之<rt>やすゆき</rt></ruby> | 大阪電気通信大学 情報通信工学部 教授 |
| <ruby>市坪<rt>いちつぼ</rt></ruby> | <ruby>信一<rt>しんいち</rt></ruby> | 九州工業大学 大学院工学研究院 准教授 |

# まえがき

　すべてのものがワイヤレスにつながる時代が間近に迫る中，その基盤となるのは電磁波である．本シリーズでは電磁波の基本となる電磁気学から，空間に電磁波を発生させるアンテナ，伝送路を伝搬する電磁波とその応用素子，そして，実際に伝わる電磁波の特性を，電磁波工学，伝送工学，電波伝搬として一貫して学べることを目的としている．

　電波伝搬に関する本書は，空間中の電波の伝搬について，その定義や基礎理論から，具体的な伝搬現象の詳述，さらには移動通信システムを代表例とした伝搬に根差した無線通信の技術，などについて解説することを目的とした．電波伝搬とはすべての電磁波の波動現象を指す言葉であるが，本書では，工学的・実用的な重要度を考慮して，無線通信に用いる電波の伝搬現象に対象を絞り込んでいる．具体的には，電離層反射を利用した無線通信における伝搬，対流圏内の無線通信の伝搬，移動通信システムにおける伝搬，を対象として解説した．

　本シリーズは，大学専門科目から工業高等専門学校での講義に用いることを想定し執筆されている．本書は比較的個別分野を対象とすることから，シリーズの中では他 2 冊に比べて専門的な内容をやや多く含んでいる．その観点では，たとえば大学院レベルの講義にも耐えるものである．また，第 1 級および第 2 級陸上無線技術士の国家資格取得希望者のために，無線工学 B の出題範囲もほぼカバーしている．

　本シリーズでは，読者の理解を助けるものとして，各章末に演習問題を示している．演習問題の解答は，本書末尾に略解を示すとともに，その詳解を朝倉書店ウェブサイト（http://www.asakura.co.jp）の本書サポートページに掲載している．併せて参考にされたい．

　2018 年 10 月

著　　者

# 目　　　次

## 電波工学基礎シリーズ

**1　電磁波工学**

　　**1**　電磁気学　/　**2**　平面波　/　**3**　アンテナの基本特性　/

　　**4**　アンテナ　/　**5**　電磁界解析手法

**3　波動伝送工学**

　　**1**　マイクロ波工学とその基礎事項　/　**2**　マイクロ波伝送線路　/

　　**3**　回路素子　/　**4**　共振回路の性質　/　**5**　マイクロ波回路の実際

主な回路記号（新旧対応表）

| | 新記号 | 旧記号 |
|---|---|---|
| 抵抗 | $R$ 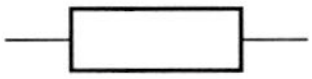 <br> ▭ | $R$  <br> ⟋⟍⟋⟍ |
| コイル | $L$  <br> ⌒⌒⌒ | $L$  <br> ⊙⊙⊙⊙ |

本書中の数学表記

- ベクトル・スカラー
  - $A$, $B$, ⋯, $x$, $y$, ⋯（ベクトル）
  - $A$, $B$, ⋯, $x$, $y$, ⋯（スカラー）
- 指数関数
  - $\exp(x) := \mathrm{e}^x$
- 対数関数
  - $\log x := \log_{10} x$（常用対数）
  - $\ln x := \log_e x$（自然対数）
- 複素数
  - $j^2 = -1$（虚数単位）
  - $x, y$ を実数とすると，$z = x + jy$ のとき，$z^* = x - jy$（複素共役）

# 1 電波伝搬の基礎

　1章では，まず，電波伝搬とは何を指すものであるか，その学問・研究の目的は何であるのか，について述べる．その後，最も基本的な電波伝搬現象である自由空間伝搬について述べる．自由空間伝搬は，真空中を電波が直進する現象である．たとえば宇宙空間における伝搬がその最も代表的な例である．それに対して，電波が伝搬する空間中に媒質定数の変化がある，たとえば伝搬空間中に建物などの障害物があると，電波の反射・透過・回折・散乱という現象が生じる．本章後半では，これらの現象について簡単に述べる．これらの現象は，2章以降に示す，具体的な無線通信システムにおける電波伝搬現象を理解する基礎となるものである．

## 1.1　電波伝搬の概要

### 1.1.1　電波伝搬とは？
　**電波伝搬**という言葉は，電波，つまり電界と磁界の波が，空間を占める媒質中を伝わること，を広く意味するものである．その電波が伝わる空間は，宇宙空間のような無の空間でもよいし，携帯電話を使う我々の日常生活環境でもよいし，地下道のような閉鎖空間の場合もあるだろうし，様々な空間が対象となる．さらに，その空間を構成する媒質としても，前述の宇宙空間における真空や，人類が活動する大気圏内の空気や，さらには，水中で電波通信を行う場合のような液体が媒質となる場合や，地中埋設物をレーダで探索するような固体の場合もあり得る．また，電波を特徴付ける最たるパラメータは周波数であるが，無線通信を例としても，電波時計に使われる 40/60 kHz の低周波数帯から車車間レーダに使われる 60/70 GHz 帯などの高周波数帯まで，さらには赤外線領域に近い超高周波数帯まで，様々である．また，無線通信電波のように人間が人為的に発生させた電磁波以外にも，自然が発生する電磁波，たとえば，地球を取り囲む宇宙プラズマ中を伝わる電波の進行もまた電波伝搬である．このように，電波伝搬とは，環境や媒質，さらには電波の周波数，人造・天然を問わず，広く「電波が伝わる」ことを意味する言葉である．

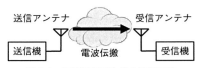

**図1.1 無線通信における電波伝搬**

　これに対して本書では，無線通信およびその周辺技術に用いる電波の伝搬に議論を限定する．それは，電波を用いた応用技術は数多くあるが，無線通信がその最も代表的なものであるからである．その結果として，本書では，電波が伝搬する媒質は真空[1]であり，その周波数としては無線通信や周辺技術に使用される数十 kHz 程度から 100 GHz 程度を扱う．本書が対象とする電波伝搬を簡単な図にすると図 1.1 のようになる．つまり，送信アンテナから放射された電波がどのように受信アンテナに伝わるか，ということを対象とする．

　図 1.1 において，具体的に無線通信を対象とすると，電波伝搬とは，送信アンテナから放射された電波信号が，受信アンテナにより受信されるまでに経た，信号の変化を示すものである．電波伝搬の研究とは，この信号の変化を理解することが目的である．この信号の変化は無線通信と**電気回路とのアナロジー**（類推・類比）を考えると理解が容易である．図 1.2 はこのアナロジーを示している．送信機は送信信号を発生する電気回路，受信機は信号を再生する電気回路ととらえることができる．アンテナは，電気信号（電圧・電流の信号）と電波信号（電界・磁界の信号）とを変換する信号変換回路と理解することができる．このように考えた場合，電波伝搬は，送信側で電波に変換された信号が，受信アンテナにより受信されるまでの間の「伝搬路という名前の電気回路」に相当する．さて，電気回路の特性は，その入力信号と出力信号の関係，つまり入力と出力との間の信号の変化（入出力特性）により決定されることが一般的である．この入出力特性には，回路の利得や位相変化さらには遅延特性（分散特性）などがある．電波伝搬の特性も同様であり，送信アンテナから受信アンテナまでの信号の変化，つまり，電波が伝搬する空間部分の，利得，位相変化，遅延特性などにより与えられる．電気回路においても用いる回路の利

---

[1] 　無線通信を行う環境の媒質である大気中の伝搬特性は真空中とほぼ同一であり，本書では両者を同一と見なしている．空気の比誘電率は約 1.0006，比透磁率は約 1.0000004 であり，その結果として，真空中と大気中の伝搬特性の差は，無線通信の送受信アンテナ間の損失（数十〜 100 dB のオーダ）に対して十分に小さく無視できる．なお，3 章では，大気中の屈折率の微妙な変化が電波伝搬に与える影響について述べている．

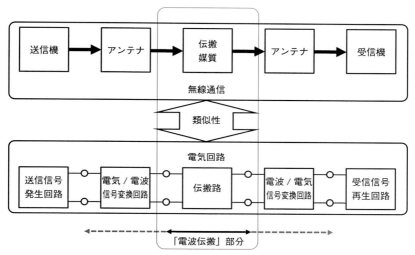

**図 1.2**　無線通信と電気回路のアナロジー

得・周波数特性などを正確に把握することが必要である．伝搬路のこの特性を把握・推測することが電波伝搬の研究の目的である．

　さて，無線通信では信号伝送媒体として空間に放射される電磁波を利用することから，伝搬路部分の回路の利得はマイナス数十 dB にもなり，その結果として受信信号は送信信号に比べて大きく減衰する．また，電波は伝搬路上に存在する建物・大地などによって反射され，直接波以外にも多くの経路を辿る電波が重なって受信される（これを**マルチパス環境**と呼ぶ）．その結果として伝搬路は分散特性を有し，複雑な周波数特性をもつものとなる．このように電気回路として見るならば，電波伝搬という回路は極めて劣悪な特性をもつものである．信頼性の高い無線通信を安定して実現するためには，この特性をできるだけ正確に把握し，それに対する対策技術を検討・開発することが重要となる．つまりそれぞれの無線通信システムにおける「伝搬特性の正確な把握」が重要となる．

　ところで，電気回路の入出力特性は，その回路が決定されると一意に決まるのに対して，伝搬路の特性は，たとえば受信機が移動すれば時間的に変化するものとなる．さらには，たとえば携帯電話のような無線通信システムを考えると，伝搬路部分は街全体レベルの範囲の物質すべてが回路素子となるような超大規模なものとなり，回路の特性を一意に求めることは一般的に困難である．

また，周波数が高くなると降雨時の雨滴によって電波が減衰するが，そのような場合には自然現象の影響を受けることになる．そこで，電波伝搬の研究では，変化する回路の利得の値そのものを求めるのではなく，その分布を求める，もしくはその平均値を推定する，というような統計的・確率的なアプローチが採られることが多い．

なお，無線通信における電波伝搬は，一般に送受のアンテナを含まない部分と考える場合が多い（図 1.2 の実線矢印部分）．それに対して，たとえば近年の **MIMO**（multiple-input multiple-output）技術のように，アンテナと電波伝搬が密接に関連し，もはや不可分となっているようなシステム形態も多くなっている．そのような場合には，アンテナも含めた部分を電波伝搬と呼ぶことがある（同破線矢印部分）．この場合には，送信アンテナの入力信号（電気信号）と受信アンテナの出力信号（これも電気信号）との間の変化が電波伝搬の特性となる．

### 1.1.2 各種伝搬モード

前項では，本書が対象とする電波伝搬が，空中（真空や大気中）の電波の広がりであることを述べたが，伝搬する環境に応じて変化し，いくつかの代表的な**伝搬モード**（伝搬の形態）に分類される．図 1.3 はそのような代表的な伝搬モードを示している．

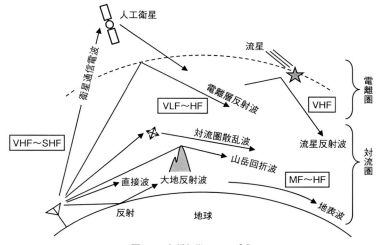

**図 1.3　各種伝搬モード** [1]

　送信アンテナから受信アンテナが見通し内となる場合には，送信アンテナから受信アンテナに直接電波が到来する**直接波**が存在する．直接波の伝搬は**自由空間伝搬**と呼ばれ，基本的な伝搬として特に重要である．

　地表での伝搬の場合には**地面反射波**が存在する．地面は導体と見なすことができるのでその反射波は無視できない強度である．地面や山岳頂部による回折が発生する場合には，地球半径で決定される見通し境界を越えて遠方まで伝搬することがある．

　高度 60 km 以上の上空に，太陽光線に含まれる X 線や紫外線，さらにはその他の粒子のエネルギーにより大気の分子がイオン化し，その結果自由電子が存在している．それが，いくつかの高度で密度が高くなり層となっている．これを**電離層**と呼び，一定周波数以下の電波に対しては反射を生じる壁のような影響をもたらす．これにより地表から送信された電波の一部が反射され，見通しを越えた遠方まで電波が到達する．このような伝搬を**電離層伝搬**と呼ぶ．電離層伝搬の詳細については 2 章参照のこと．

　また，流星などにより一時的に高層大気が電離する現象が発生する．そのような場合には突発的な高高度での電波の反射が生じる．これを**流星反射波**（または流星散乱波）と呼ぶ．

　地表面に沿って見通し外まで伝搬する**地表波**という伝搬もある．以上は自然現象としての伝搬であるが，大陸間のような水平線を越えた見通し外の遠方地点間で通信を行うことを目的として，宇宙空間に打ち上げた人工衛星を介して通信を行う衛星通信がある．これは現象としては直接波の伝搬である．

　それぞれの伝搬モードは，すべての周波数で発生するのではなく，それぞれに発生しやすい無線周波数帯がある．たとえば，地表波が顕著に発生するのは比較的低い周波数帯（LF〜HF 帯：LF・HF などの周波数帯の分類は後述）である．それに対して**対流圏散乱波**や**山岳回折波**は VHF〜SHF 帯の比較的高い周波数帯で発生する．また電離層による反射が有意な大きさとなるのは HF 帯以下の周波数である．逆に衛星通信に用いる電波は，電離層を突き抜けて宇宙空間に達することが必要であり SHF 帯など高い周波数が用いられるが，周波数が高くなると降雨による減衰が顕著となるという問題がある．

## 1.1.3　具体的な無線通信システムの例
　無線通信には種々の形態の通信システムがあり，そのシステムごとに伝搬路

も異なるものとなる．その中からいくつか具体例を挙げる．

- (a) 地上通信伝搬路
- (b) 衛星通信伝搬路
- (c) 移動通信伝搬路
- (d) 屋内通信伝搬路
- (e) レーダ伝搬路

図1.4は，上記5つの通信伝搬路を模式的に示している．それぞれの伝搬路の状況は様々である．たとえば送受信アンテナ間距離は，この3つのシステムの中でも，(d)屋内通信伝搬路の十数 m 程度から (b) 衛星通信伝搬路の数万km までの大きな差がある．また，(a)地上通信伝搬路や(b)衛星通信伝搬路で

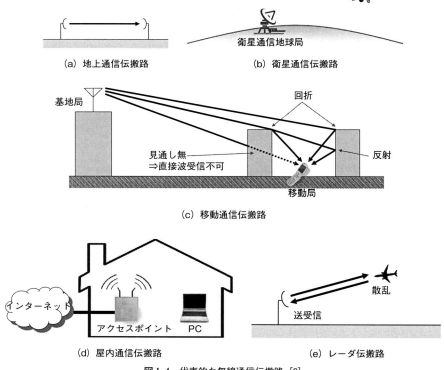

図1.4 代表的な無線通信伝搬路 [2]

は送受信アンテナ間は一般に見通しとなるように設置されるが，建物が多い都市街で使用することが多い携帯電話システムは(c)移動通信伝搬路となり，送受信間は見通し外環境となることが多い．(e)は他とはカテゴリーが異なると言えるが，広い概念では無線（電波）の伝搬であり本書では同様に扱う．(a)〜(d)は送信と受信が離れた地点にあり，その間での情報の伝送を目的とするのに対して，(e)は一般的には送信と受信は同じ地点で行われ，情報の伝達ではなく，対象物の位置・速度・物体の同定などを目的とする．

### 1.1.4 電波の周波数と波長

電磁波を扱う学問では，波長の大きさを感覚的に理解しておくことは重要である．アンテナの大きさや発生する現象のスケールが波長を基準とするものが多いからである．電波伝搬も同様であり，たとえばマルチパスフェージングの空間変動のスケールは波長オーダである．観測された変動が波長に対してどの程度の大きさなのかを知れば，それがどのような現象により発生したかを把握することができる．

電波の**周波数** $f$ [Hz] と**波長** $\lambda$ [m] との関係は，**光速**を $c$ [m/s]（$\fallingdotseq 3\times10^8$）として，

$$c=f\lambda \tag{1.1}$$

である．

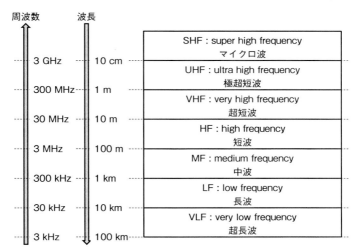

**図1.5** 周波数と波長の関係および周波数帯の呼び方

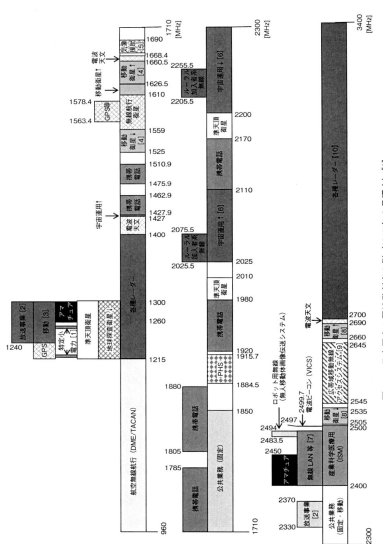

図1.6 日本国内の周波数割当の例 (2018年6月現在) [3]

　図 1.5 は，周波数とそれに対応する波長を示している．また，周波数帯域ごと（波長のオーダごと）にその呼び方が決められており，それをあわせて示している．

　これらの周波数帯は，様々な無線通信および通信以外の電波を使ったシステムに用いられている．我が国では，周波数帯域はその利用が総務省により管理されている．一例として，総務省が電波利用ホームページ［3］において公開している日本国内の 960 MHz〜3.4 GHz 帯域の周波数割当を図 1.6 に示す．この周波数帯域は無線通信に適した周波数帯の 1 つであり，従来は地上無線通信や衛星通信などの固定通信に多く使われてきたが，近年の携帯電話の普及や各種の個人向け無線サービスの発展に伴い，移動通信での使用が増加している．

## 1.2　自由空間伝搬

　実際の無線通信環境では，電波は図 1.3 に示すような様々なモードで伝搬する．ここでは，これらの各種伝搬モードの基本となる，自由空間における伝搬について述べる．

### 1.2.1　平面波

　次式で与えられる，電界 $E$ [V/m]，電束密度 $D$ [C/m$^2$]，電流面密度 $j$ [A/m$^2$]，磁界 $H$ [A/m]，磁束密度 $B$ [T] に関する**マクスウェル方程式**を考える．なお，基本となる 2 式に加えて，構成方程式と呼ばれる第 3 式・第 4 式も含めている．$\varepsilon$ は誘電率 [F/m]，$\mu$ は透磁率 [H/m] である．

$$\nabla \times H = j + \frac{\partial D}{\partial t} \tag{1.2}$$

$$\nabla \times E = -\frac{\partial B}{\partial t} \tag{1.3}$$

$$D = \varepsilon E \tag{1.4}$$

$$B = \mu H \tag{1.5}$$

ここでは自由空間における伝搬を考えるため，波源となる電流のない真空空間を対象として考える．その結果，空間の任意の点において，$j=0$（印加電流はなく真空では導電率 $\sigma=0$ であるので）であり，本来はテンソルで表される $\varepsilon$

および $\mu$ は方向性のない真空の値 $\varepsilon_0$ および $\mu_0$ となる．さらに無線通信電波を対象と考えると，この空間に存在する電磁界は，交流信号，つまり正弦波信号を輻射したものであることから，各地点で観測される電磁界の時間変化は正弦波状であると考えることができる．複素記号法を用いると，この時間変化は，無線周波数が $f$ の場合の角周波数 $\omega=2\pi f$ [rad/s] を用いて時間 $t$ [s] に対して $e^{j\omega t}$ で表され，時間による微分因子 $\partial/\partial t$ は $j\omega$ の乗算に書き換えられる．以上を踏まえ，また式(1.4)と式(1.5)を用いて $E$ および $H$ で整理すると，無線通信を対象とした，波源のない真空空間におけるマクスウェル方程式は以下のように簡易化される．

$$\nabla \times H = j\omega\varepsilon_0 E \tag{1.6}$$

$$\nabla \times E = -j\omega\mu_0 H \tag{1.7}$$

式(1.6)および式(1.7)の両辺に対して，さらに $\nabla$ とのベクトル積をとり，もう一方の式に代入することにより，**波動方程式**と呼ばれる，以下の $E$ のみ，もしくは $H$ のみの式が得られる（:= は，左辺を右辺で定義するという意味）．

$$\nabla^2 H + k^2 H = 0 \tag{1.8}$$

$$\nabla^2 E + k^2 E = 0 \tag{1.9}$$

$$k := \omega\sqrt{\varepsilon_0\mu_0} \tag{1.10}$$

なお，式(1.6)，(1.7)から式(1.8)，(1.9)を導出する過程において，次に示す，一般のベクトル関数 $A$ についてのベクトル公式および波源のない空間における磁界と電界の連続性を用いている．

$$\nabla \times (\nabla \times A) = \nabla(\nabla \cdot A) - \nabla^2 A \tag{1.11}$$

$$\nabla \cdot H = 0 \tag{1.12}$$

$$\nabla \cdot E = 0 \tag{1.13}$$

ここで，図 1.7 に示すように，電波がある一点から放射されていると考える．なお，実際のアンテナは点ではなく，長さ・大きさを有している．その結果として，完全な点波源からの電波の放射は実現できないが，アンテナの大きさが無視できる程度に遠方から電波を観測すれば，この仮定は十分に成り立つ．

電波とは後に述べるように電界や磁界の波であり，その波面は電界や磁界が同じ位相となる面となる．このような面を**等位相面**と呼ぶ．この波面は，図 1.7 に示すように，基本的には波源を中心とした球面であり，波源近傍では球面として取り扱う必要がある．それに対して観測点が十分に遠方になると，波

面は平面に近くなる．極めて遠方から到来する太陽光線が平行光線で近似できる状況と同じである．このような場合には，波面を単純な平面と近似して考えてもほとんどの場合問題ない．これを**平面波近似**と呼ぶ．

　ここで「十分に遠方」とは，波源から観測点までの距離 $r$ が波長 $\lambda$ に比べて十分に大きいという意味であるが，どれだけ大きければ平面波近似してよいのかという点については，対象とする現象や要求精度に依存するので一概には言えない．1つの目安として，受信アンテナの長さを $D$ とし，その中央と端部での受信位相の誤差が $\pi/8\,\mathrm{rad}$ 以下となれば平面波で近似できると考える場合がある．この場合には，平面波と見なしてよい距離 $r'$ は，

$$r' \cong \frac{2D^2}{\lambda} \tag{1.14}$$

で与えられる．たとえば携帯電話に使用される周波数の1つである 2 GHz 帯（$\lambda=15\,\mathrm{cm}$）を想定し，受信アンテナとして半波長ダイポールアンテナ（$D=\lambda/2=7.5\,\mathrm{cm}$）を使う場合を考えると，$r'$ は 7.5 cm となる．この距離は十分に小さい．実際にはさらに高い精度を要求する場合も多く，その場合には必要な距離はこの距離よりも大きくなる．それでも通常無線通信を行う距離は少なくとも 10 m 以上などであり，それに比べると小さい値となる．したがって，通常の無線通信では，平面波近似を用いても問題ない．

　平面波を仮定した状態で，図 1.7 に示すように，電波の進行方向を $z$ 軸にとった直交 3 軸をとる．また，その原点は観測点にあるものとする．電界 $E$ および磁界 $H$ を，この軸の 3 成分を用いて，$E=(E_x, E_y, E_z)$ および $H=(H_x, H_y, H_z)$ と表す．平面波近似から，$xy$ 面では電磁界は一様であるから，$E$ および $H$ のすべての成分に対して $x$ および $y$ による偏微分はゼロとなり

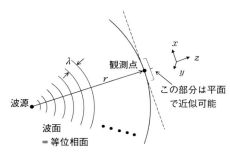

**図 1.7**　平面波近似

$(\partial/\partial x = \partial/\partial y = 0)$，式 (1.6) および (1.7) は以下のように表される．

$$\nabla \times \boldsymbol{H} = \left(\frac{\partial H_z}{\partial y} - \frac{\partial H_y}{\partial z}, \frac{\partial H_x}{\partial z} - \frac{\partial H_z}{\partial x}, \frac{\partial H_y}{\partial x} - \frac{\partial H_x}{\partial y}\right) = \left(-\frac{\partial H_y}{\partial z}, \frac{\partial H_x}{\partial z}, 0\right)$$

$$= j\omega\varepsilon_0(E_x, E_y, E_z) \tag{1.15}$$

$$\nabla \times \boldsymbol{E} = \left(\frac{\partial E_z}{\partial y} - \frac{\partial E_y}{\partial z}, \frac{\partial E_x}{\partial z} - \frac{\partial E_z}{\partial x}, \frac{\partial E_y}{\partial x} - \frac{\partial E_x}{\partial y}\right) = \left(-\frac{\partial E_y}{\partial z}, \frac{\partial E_x}{\partial z}, 0\right)$$

$$= -j\omega\mu_0(H_x, H_y, H_z) \tag{1.16}$$

式 (1.15) および (1.16) からそれぞれ $E_z = 0$ および $H_z = 0$ である．つまり，電磁界の進行方向成分はないことがわかる．これは，電磁波が横波であることを示している．また，電界ベクトル $\boldsymbol{E} = (E_x, E_y, 0)$ は平面波近似から $xy$ 面上では一定と考えるので，$xy$ 面内のすべての点において，ある 1 つの方向となっているはずである．ここでは現象の把握を容易とするために，その電界の方向を $x$ 軸にとったと仮定する．すなわち $\boldsymbol{E} = (E_x, 0, 0)$ とする．このようにしても一般性は失われない．この場合には式 (1.16) から $H_x = 0$ である．すなわち，$\boldsymbol{H} = (0, H_y, 0)$ である．つまり $\boldsymbol{E}$ と $\boldsymbol{H}$ は，電波の進行方向に直交しているだけでなく，さらに相互に直交していることになる．

このように考えると，式 (1.9) は，以下のような $E_x$ のみに関する式となる．

$$\frac{\partial^2 E_x}{\partial z^2} + k^2 E_x = 0 \tag{1.17}$$

この微分方程式の一般解は，$E_1$ および $E_2$ を定数として，以下の式で与えられる．

$$E_x = E_1 \mathrm{e}^{-jkz} + E_2 \mathrm{e}^{jkz} \tag{1.18}$$

上式において右辺第 1 項は $z$ の正の方向に進む波を，第 2 項は負の方向に進む波を，それぞれ示している．したがって図 1.7 のような状況では一般に $E_2 = 0$ である．つまり，

$$E_x = E_1 \mathrm{e}^{-jkz} \tag{1.19}$$

となる．これを式 (1.16) に代入して $H_y$ を求めると以下となる．

$$H_y = \frac{k}{\omega\mu_0} E_1 \mathrm{e}^{-jkz} = \sqrt{\frac{\varepsilon_0}{\mu_0}} E_1 \mathrm{e}^{-jkz} = \frac{1}{Z_0} E_1 \mathrm{e}^{-jkz} = \frac{1}{Z_0} E_x \quad \left(Z_0 := \sqrt{\frac{\mu_0}{\varepsilon_0}}\right)$$

$$\tag{1.20}$$

$Z_0$ は平面波として進行する電波の電界と磁界の大きさの比を与えるものであり，真空の**特性インピーダンス**，または，**波動インピーダンス**と呼ばれる．そ

の値は約 $377 (\fallingdotseq 120\pi)$ であり，単位は $[\Omega]$ である.

また，$kz = 2\pi$ となる $z$ の変位が真空中の電波の波長 $\lambda$ を与えるから，

$$\lambda = \frac{2\pi}{k} = \frac{2\pi}{\omega\sqrt{\varepsilon_0\mu_0}} = \frac{1}{f\sqrt{\varepsilon_0\mu_0}} \tag{1.21}$$

である．さらに，式(1.1)と式(1.21)から，

$$f\lambda = c = \frac{1}{\sqrt{\varepsilon_0\mu_0}} \fallingdotseq 3 \times 10^8 \text{ m/s} \tag{1.22}$$

となり，電磁波の速度，つまり，光速の値が求まる.

　以上のように，真空中を平面波として伝搬する電波は，進行方向と垂直な面内のすべての点において電界および磁界が同じ値であり，その進行方向成分はなく，さらに電界と磁界は直交しており，その大きさの比は真空の特性インピーダンス $Z_0$ で与えられる．電波の進行速度は $c$ であり，周波数 $f$ と $\lambda$ との間に $c = f\lambda$ の関係がある.

## 1.2.2　偏　波

　前項で示したような，電界ベクトルがある1つの面内で振動するような電波を，直線偏波と呼ぶ．特に，地面に対して電界方向が垂直な場合を**垂直偏波**，および，平行な場合を**水平偏波**と呼ぶ．具体的には，ダイポールアンテナを水平に設置して送信アンテナとして使用すると水平偏波の電波が放射され，モノポールアンテナを地面に垂直方向に設置して送信すると地面に対して同じ高さでは垂直偏波となる．図1.8は地面が $yz$ 平面に平行である場合の，(a) 垂直偏波および (b) 水平偏波の電界と磁界の様子を示している.

　伝搬の多くの現象は，この，2つの偏波（地面を参照面とした場合には垂直偏波と水平偏波）の組合せによって表すことができる．たとえば，後述の，ある平面へ電波が入射する場合の反射波の反射係数は偏波によって異なる値とな

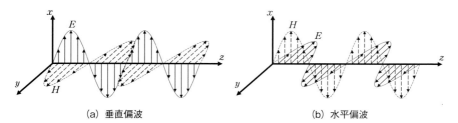

(a) 垂直偏波　　　　　　　　　　　　　(b) 水平偏波

図1.8　垂直偏波と水平偏波（地面が $yz$ 平面に平行な場合）

る．これに対して，任意の方向の直線偏波（電界が反射面に対して垂直でも水平でもない斜め偏波）は，反射面に対して垂直偏波成分と水平偏波成分に分解することが可能であり，それぞれの成分に対する反射係数を用いてそれぞれの反射波を計算し，それらを再度合成することにより，斜め方向偏波の反射を求めることができる．このように，多くの伝搬現象は 2 つの偏波に対する特性の組合せによって表すことができることから，偏波は電波伝搬の基礎となるものである．

### 1.2.3　球面波と自由空間伝搬損失

送信点の十分遠方では，平面波近似できることを既に示した．しかしながら，大きな範囲でとらえると，やはり，図 1.9 のように，送信された電波は球面上に広がる．この場合，送信アンテナから放射されたエネルギーも球の表面積に反比例して減少する．つまり，エネルギーの密度が薄まっていく．

電波のエネルギーの流れは，**ポインティングベクトル**によって表される．ポインティングベクトル $S$ は電界 $E$ と磁界 $H$ のベクトル積によって表される．つまり，

$$S = E \times H \qquad (1.23)$$

である．$S$ の方向および大きさは，それぞれ電波の進行方向および進行方向に垂直な単位面積を通り抜ける電力（電力密度：大きさの単位は $\mathrm{W/m^2}$）を与える．$S$ の大きさ $S$ は，既に述べたように $E$ と $H$ は直交することを踏まえ，さらに，真空の場合には真空の特性インピーダンス $Z_0 \fallingdotseq 120\pi$ を用いて，

$$S := |S| = |E \times H| = |E||H| \fallingdotseq \frac{|E|^2}{120\pi} = \frac{E^2}{120\pi} \quad (E := |E|) \qquad (1.24)$$

となる．

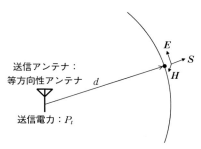

図 1.9　球面波と電波の電力密度

　今，図1.9に示すように送信アンテナに送信電力 $P_t$ [W] が供給され，送信アンテナの整合が完全であり供給された電力のすべてが空間に放射されたとする．また，送信アンテナは**等方性アンテナ**であり，すべての方向に等しい電力を放射するものとする．この場合には，送信アンテナから距離 $d$ [m] 離れた位置において，送信アンテナから放射された電力は半径 $d$ の球の表面積に均等に広がるので，単位面積あたりの電力，つまり $S$ は，

$$S = \frac{P_t}{4\pi d^2} \tag{1.25}$$

となる．これが式 (1.24) の $S$ に等しい．この関係から，送信電力 $P_t$ が供給される等方性アンテナから $d$ の距離における電界の大きさ $E$ [V/m] は，

$$E \fallingdotseq \frac{\sqrt{30 P_t}}{d} \tag{1.26}$$

で与えられる．ところで，完全な等方性アンテナは実現できず，実際に使われる最も基本的なアンテナはダイポールアンテナである．ダイポールアンテナのピーク方向の電力次元の利得は約 1.64 であり，これを用いるとダイポールアンテナのピーク方向の電界の大きさ $E_d$ は，

$$E_d \fallingdotseq \frac{\sqrt{30 \times 1.64 P_t}}{d} \fallingdotseq \frac{7\sqrt{P_t}}{d} \tag{1.27}$$

となり，簡易に計算可能である．

　伝搬の分野では，電波の強度を表すものとして，電界よりも，**伝搬損失**が一般に用いられる．伝搬損失 $L$ は，送受信アンテナを等方性アンテナとした場合の送受信点アンテナ間の電力損失である．つまり，図1.10のような状況において $L$ は，

$$L := \frac{P_t}{P_r} \tag{1.28}$$

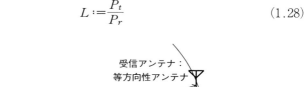

**図1.10**　自由空間伝搬損失

である．ここで $P_r$ [W] は受信アンテナの出力電力である．なお，損失は利得の逆数であり，dB 単位では正負の符号が逆転する．たとえば，ある回路の入力電力が 10，出力電力が 1 の場合には，回路の電力利得は真値で 0.1 でありdB 単位では −10 dB である．それに対して損失は，真値で 10 でありdB 単位では 10 dB である．

さて，送信アンテナから距離 $d$ 離れた位置において，送信アンテナから放射された電波の単位面積あたりの電力は，$P_t/(4\pi d^2)$ となることは既に述べた．この電力密度で到来する電波を，アンテナが等価的にどれだけの面積でとらえることができるか，により受信電力が決まる．この面積をアンテナの**実効面積**または**開口面積**と呼ぶ．等方性アンテナの実効面積 $A_i$ [m²] は，微小ダイポールアンテナの実効面積から求められ，

$$A_i = \frac{\lambda^2}{4\pi} \tag{1.29}$$

である．したがって，受信電力 $P_r$ は，

$$P_r = SA_i = \frac{P_t}{4\pi d^2}\frac{\lambda^2}{4\pi} = P_t\left(\frac{\lambda}{4\pi d}\right)^2 \tag{1.30}$$

となり，伝搬損失 $L$ は，

$$L = \frac{P_t}{P_r} = \left(\frac{4\pi d}{\lambda}\right)^2 = \left(\frac{4\pi f d}{c}\right)^2 \tag{1.31}$$

である．このような，送受信アンテナ間に反射物や遮蔽物などがない真空空間における伝搬を自由空間伝搬，その伝搬損失を**自由空間伝搬損失**と呼ぶ．直接波の伝搬は自由空間伝搬である．自由空間伝搬損失は，式(1.31)から，その真値が，周波数の 2 乗（$f^2$）に，および，距離の 2 乗（$d^2$）に比例する．これは，伝搬損失のdB 単位の値が，$20\log f$ および $20\log d$ の関数形として与えられることを意味する．

### 1.2.4 フリスの伝送公式

図 1.10 では送受信アンテナを等方性アンテナと仮定したが，前述の通り，等方性アンテナは実際には実現できない．ここではアンテナが等方性ではない場合を考える．等方性ではない場合，そのアンテナには等方性アンテナに対する利得がある．図 1.11 に示すように，送信・受信アンテナが，それぞれ対向する受信・送信アンテナ方向に対して，$G_t$ および $G_r$ の利得を，また，$A_t$

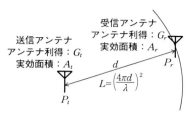

**図1.11** アンテナ利得を考慮した自由空間伝搬

$[\mathrm{m}^2]$ および $A_r\,[\mathrm{m}^2]$ の実効面積をもつものとする.

送信アンテナを考えた場合,送信アンテナの利得 $G_t$ は,受信地点での電力密度 $S$ を $G_t$ 倍だけ高める効果がある.したがって自由空間においては,受信点での電力密度 $S$ は,

$$S=\frac{P_t}{4\pi d^2}G_t \tag{1.32}$$

となるはずである.一方,受信アンテナを考えた場合,アンテナ利得とは,そのアンテナと等方性アンテナによって得られる受信電力の比,である.これは,そのアンテナの実効面積と等方性アンテナの実効面積の比と等価である.すなわち,

$$G_r=\frac{A_r}{\lambda^2/(4\pi)} \tag{1.33}$$

となる.式(1.32)および式(1.33)で与えられる $S$ および $A_r$ を $P_r=SA_r$ に代入して以下を得る.

$$P_r=SA_r=\frac{P_t}{4\pi d^2}G_t\frac{\lambda^2}{4\pi}G_r=P_tG_tG_r\left(\frac{\lambda}{4\pi d}\right)^2=\frac{P_tG_tG_r}{L} \tag{1.34}$$

この式は**フリスの伝送公式**(または伝達公式)と呼ばれ,送信電力,送受信アンテナ利得,周波数,送受信点間距離,から受信電力を求める場合に使われる.無線通信における最も基本的な式の1つである.

## 1.3 非一様媒質における電波の伝搬

媒質が一様である(誘電率・透磁率・導電率の3つの媒質定数に位置依存性がない)場合には,自由空間伝搬のように電波は基本的に直線的に伝搬すると理解してよい.それに対して,媒質に変化があると,そこで反射・透過・回

折・散乱という現象が発生する．一般には，

**反射** 空間を構成する2つの媒質の境界面が平面である場合の境界面における正規反射（境界面に対する入射角と反射角が等しい場合）の現象

**透過** 反射において入射される側の媒質内に電波が浸透する現象

**回折** 境界面が角のような形状を有する際，その角によって電波が周囲に散乱され，見通し外を含めて電波が伝わる現象

**散乱** 有限の大きさの物体に電波が入射した場合に，正規反射を含めた全角度に電波が反射・回折する現象

と理解される．

　ただし，上記の記述はオーバーラップしており，また，反射および回折と散乱は同じ現象を含んでいる．さらに，技術分野ごとに言葉の使い方が微妙に異なっている．散乱は，光学や量子力学などの分野では，散乱対象となる物体の大きさが波長よりも十分に小さい場合と定義されるが，電波分野ではレーダの目標物（レーダ分野ではターゲットと呼ばれることが多い．たとえば飛行機）などのように，対象物体が波長よりも大きい場合にもこの言葉が使われる．対象となる物質が建物など比較的大型である移動通信システムの電波伝搬では，反射および回折現象が支配的であり，一般に散乱という表現は用いない．それに対して，通信分野でも，流星散乱を用いた通信の場合には散乱という言葉を用いる．

### 1.3.1 電波の反射および透過

　反射・透過・回折・散乱すべての電磁界の分布は，媒質中の境界条件を考慮してマクスウェル方程式を解くことによって得られる．図1.12は媒質定数の

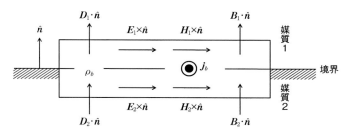

**図1.12 異なる媒質境界における境界条件**

異なる2つの媒質境界面における**境界条件**を示している [4]．たとえば境界面上の電流の有無など個々のケースで異なるものはあるが，基本原則はすべての場合にあてはまる．境界面の法線ベクトルを $\hat{\boldsymbol{n}}$，媒質1および2における電界，電束密度，磁界，磁束密度をそれぞれ $\boldsymbol{E}_1$，$\boldsymbol{D}_1$，$\boldsymbol{H}_1$，$\boldsymbol{B}_1$ および $\boldsymbol{E}_2$，$\boldsymbol{D}_2$，$\boldsymbol{H}_2$，$\boldsymbol{B}_2$，境界面上に存在する電流密度（線密度）および電荷密度（面密度）をそれぞれ $\boldsymbol{j}_b$ [A/m] および $\rho_b$ [C/m²] とすると，以下の条件が成り立つことが必要となる．

$$(\boldsymbol{E}_1-\boldsymbol{E}_2)\times\hat{\boldsymbol{n}}=0 \tag{1.35}$$

$$(\boldsymbol{D}_1-\boldsymbol{D}_2)\cdot\hat{\boldsymbol{n}}=\rho_b \tag{1.36}$$

$$(\boldsymbol{H}_1-\boldsymbol{H}_2)\times\hat{\boldsymbol{n}}=\boldsymbol{j}_b \tag{1.37}$$

$$(\boldsymbol{B}_1-\boldsymbol{B}_2)\cdot\hat{\boldsymbol{n}}=0 \tag{1.38}$$

上記の4式は，それぞれ，第1式：電界の境界面平行成分の連続性，第2式：境界面における電荷に関するガウスの定理，第3式：境界面両側における周回積分の法則，第4式：磁束（密度）の境界面法線方向成分の連続性，をそれぞれ示している．

たとえば，反射の場合は以下の結果となる．図1.13に示すように，境界面に対する入射角，反射角，透過角を，それぞれ $\theta_i$，$\theta_r$，$\theta_t$ とすると，以下の関係が成り立つ．

$$\theta_r=\theta_i \tag{1.39}$$

$$\frac{\sin\theta_i}{\sin\theta_t}=\frac{v_1}{v_2}=\frac{n_2}{n_1}=:n \tag{1.40}$$

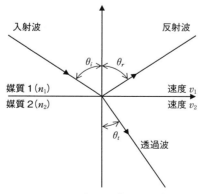

**図 1.13** 入射および透過の関係
$(n=n_2/n_1>1$ の場合$)$

上記2式は光学における**スネルの法則**と同一である．$v_1$ および $v_2$ は媒質1と媒質2における電波の速度（位相速度）である．また，$n_1$ および $n_2$ はそれぞれ2つの媒質の**屈折率**であり，以下の式で与えられる．

$$n_1=\sqrt{\frac{(\varepsilon_1-j\sigma_1/\omega)\mu_1}{\varepsilon_0\mu_0}} \tag{1.41}$$

$$n_2=\sqrt{\frac{(\varepsilon_2-j\sigma_2/\omega)\mu_2}{\varepsilon_0\mu_0}} \tag{1.42}$$

$(\varepsilon_1,\ \mu_1,\ \sigma_1)$ および $(\varepsilon_2,\ \mu_2,\ \sigma_2)$ はそれぞれ媒質1および2の媒質定数（**誘電率，透磁率，導電率**）である（導電率の単位は $[\mathrm{S/m}]$）．また，$n$ は媒質1に対する媒質2の屈折率である．非導電体で導電率が小さい媒質の場合には屈折率の虚数項は無視でき，屈折率は実数（$\sqrt{\varepsilon_1\mu_1/(\varepsilon_2\mu_2)}$）となる．また，媒質1が真空（空気の場合でもほぼ同じ）の場合には，媒質2の**比誘電率**および**比透磁率**をそれぞれ $\varepsilon'$ および $\mu'$ と表すと，$\varepsilon_1=\varepsilon_0$，$\mu_1=\mu_0$ および $\varepsilon_2=\varepsilon'\varepsilon_0$，$\mu_2=\mu'\mu_0$ であるので屈折率 $n$ は $\sqrt{\varepsilon'\mu'}$ となる．図1.13 は $n>1$ の場合である．

　透過波は，光学における屈折と同じ現象が生じ，境界面において波面の進行方向が変化する．この現象は**フェルマーの原理**や**ホイヘンスの原理**で説明することができる．フェルマーの原理は光学において「ある2点を通過する光は，通過する距離が最小となる2点間の直線経路を進むのではなく，通過する時間が最小となる経路を進む．」というものであり，この性質は電波の伝搬にも成立する．ホイヘンスの原理は「伝搬する波動の次の瞬間の波面の形状を考える

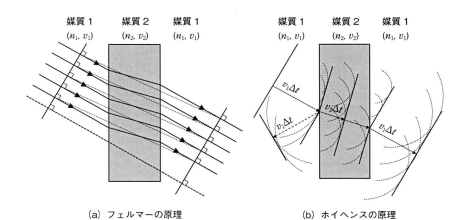

(a) フェルマーの原理　　　　　　　　　　(b) ホイヘンスの原理

**図 1.14**　屈折現象の説明

場合，波面のすべての点から球面状の2次波が出ていると考え，この2次波の**包絡面**が次の瞬間の新たな波面となる.」というものである．それぞれの概念を図1.14に模式的に示す．同図では媒質1から媒質2に入射し，さらに媒質1に戻る三層構造を仮定している．媒質1の屈折率と電波の伝搬速度を $n_1$ および $v_1$，媒質2を $n_2$ および $v_2$ とする．たとえば，媒質1を空気，媒質2をコンクリートとすると，$n_1 < n_2$ であり，その場合には式(1.40)の関係から $v_1 > v_2$ となる．(a) フェルマーの原理においては，媒質1よりも媒質2の通過時間を減少させる経路が選ばれることとなり屈折が説明される．(b) ホイヘンスの原理においては，$\Delta t$ ごとの波面を描いているが，速度の低下により波面が屈折する様子がわかる.

### a 反射係数と透過係数

さて，図1.13にもどり，媒質1において電波が境界面に到達し反射する直前の電界を $E_i$，反射した直後の電界を $E_r$，境界面から透過し媒質2に入射した直後の電界を $E_t$，とそれぞれ表すと，**反射係数** $R$，**透過係数** $T$ を用いてそれぞれ以下の関係となる.

$$E_r = RE_i \tag{1.43}$$
$$E_t = TE_i \tag{1.44}$$

$R$ および $T$ は，境界面に対する偏波により異なるものとなる．入射波を平面波とすると，入射平面波と境界面の両方に直交する面は一意に決まるので，これを基準面として偏波を考える．この基準面を入射面と呼ぶ．図1.13の場合には紙面に平行な面となる．入射面に電界が垂直な電波の入射を **TE**（transverse electric）**入射**，平行な電波の **TM**（transverse magnetic）**入射**と呼ぶ．それぞれの状況を図1.15に示す．地面に対する反射の場合を考えると，それぞれ水平偏波および垂直偏波に相当する．それぞれの場合の $R$ および $T$ は，以下のように与えられる.

TE入射の場合（図1.15(a)）

$$R = \frac{\mu_2 \cos\theta_1 - \mu_1\sqrt{n^2 - \sin^2\theta_1}}{\mu_2 \cos\theta_1 + \mu_1\sqrt{n^2 - \sin^2\theta_1}} \tag{1.45}$$

$$T = \frac{2\mu_2 \cos\theta_1}{\mu_2 \cos\theta_1 + \mu_1\sqrt{n^2 - \sin^2\theta_1}} \tag{1.46}$$

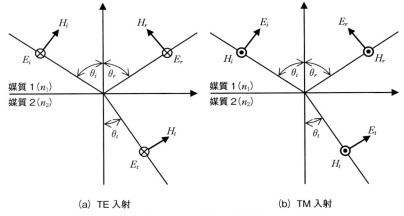

(a) TE 入射　　　　　　　　(b) TM 入射

図 1.15　TE 入射と TM 入射

TM 入射の場合（図 1.15(b)）

$$R=\frac{\mu_1 n^2 \cos\theta_1 - \mu_2 \sqrt{n^2 - \sin^2\theta_1}}{\mu_1 n^2 \cos\theta_1 + \mu_2 \sqrt{n^2 - \sin^2\theta_1}} \tag{1.47}$$

$$T=\frac{2\mu_2\, n \cos\theta_1}{\mu_1 n^2 \cos\theta_1 + \mu_2 \sqrt{n^2 - \sin^2\theta_1}} \tag{1.48}$$

　たとえば真空から完全導体（$\sigma_2 \to \infty$）に入射する場合には，屈折率の絶対値が無限大となり TE 入射の場合も TM 入射の場合も入射角度によらず $R$ の絶対値は 1（完全反射），$T$ は 0 となる．また，別の特別なケースとして $\theta=0$ の場合には，TE 入射，TM 入射どちらも境界面への垂直入射であり，両入射の結果は同一になるはずであるが式(1.45)および(1.47)において $\theta=0$ とすると符号が異なる結果となる．これは，TM 入射の場合の図 1.15(b) の軸のとり方では，垂直入射に対して，入射波と反射波の方向が逆になることに起因しており，垂直入射に対して式(1.45)も式(1.47)も現象としては同じである．

　図 1.16 は，$R$ の具体的な例として，真空（空気でもほぼ同じ）とコンクリートの境界面における入射角に対する $R$ の (a) 振幅と (b) 位相の変化を示している．コンクリートの比誘電率 $\varepsilon_r$ は 6.76，比透磁率は 1，導電率は 0.0023 S/m としている．同図では，周波数を 0.1 MHz～1 GHz と変化させている．$R$ の振幅は，TE 入射の場合には入射角の増加に伴って単調に増加するが，TM 入射の場合には一旦減少して最小値をとる．この最小値をとる角度

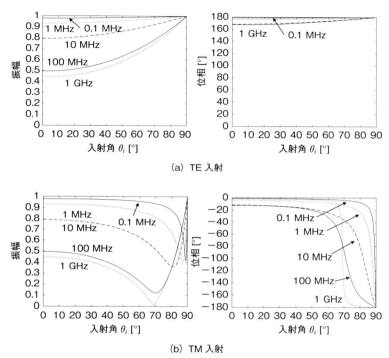

(a) TE 入射

(b) TM 入射

図 1.16 入射角に対する反射係数 $R$ の変化 (真空からコンクリートへの入射)

はブリュスター角と呼ばれ, 周波数が高くなり誘電率に対する導電率の寄与 (複素誘電率の虚数部分) が無視できるようになれば, $R$ がゼロとなる場合が生じる. また, 位相の変化より, このブリュスター角で $R$ の位相が反転することがわかる. いずれの入射でも, $\theta = 90°$, すなわち水平入射の場合には $R$ の絶対値は 1 となり位相は逆相, つまり $-1$ となる. また, 周波数が 100 MHz 以上となると, 周波数に対する $R$ の変化は小さくなる. これは, たとえば携帯電話などの移動通信システムにおける市街地の伝搬特性の周波数特性を考える際に, 建物の反射係数の周波数特性はほぼ無視できることを示している.

## b 地面反射二波モデル

反射が重要となる基本的な伝搬路の考え方として, **地面反射二波モデル**がある. これは図 1.17 に示すような環境であり, 無限に広がる平面大地上に, 比較的低地上高の送受信アンテナが設置された場合の伝搬路のモデルである. 移

動通信システムの小セル化や車車間通信の実用化などに伴ってこのような伝搬路モデルがよく用いられることとなった．かなり簡単化されたモデルであり現実的ではないように感じられるが，実際の環境でもここで示す現象（たとえば後述のブレークポイント）が観測されることも多く，この考え方を理解しておくことは重要である．このモデルでは，直接波と地面反射波の位相関係により受信信号強度に変動が生じるとともに，送受信点距離がある距離以上となると急激に受信信号強度が低下する．

図 1.17 に示すように，地面反射二波モデルにおいて，送受信アンテナ高をそれぞれ $h_T$ および $h_R$，送受信点間水平距離を $d$，送信アンテナ・受信アンテナ間の直接波経路および地面反射波経路の経路長をそれぞれ $r_1$ および $r_2$ とする．送受信アンテナが低地上高であり $d \gg h_T$，$d \gg h_R$ であるとすれば，2 つの経路の経路長差 $r_2 - r_1$ は以下のように近似計算できる．

$$r_2 - r_1 = \sqrt{d^2 + (h_T + h_R)^2} - \sqrt{d^2 + (h_T - h_R)^2}$$

$$\cong d\left\{1 + \frac{(h_T + h_R)^2}{2d^2}\right\} - d\left\{1 + \frac{(h_T - h_R)^2}{2d^2}\right\} = \frac{2h_T h_R}{d} \qquad (1.49)$$

上式において近似式 $(1+x)^\alpha \cong 1 + \alpha x$ $(x \ll 1)$ を用いている．

次に，自由空間伝搬における送信点から単位距離の位置での電界を $E_0$，受信点における直接波および地面反射波の電界を $E_1$ および $E_2$，地面反射二波モデルでの受信電界（2 波の合成電界）を $E$，とそれぞれ表す．$d \gg h_T$，$d \gg h_R$ であることから地面反射経路の入射角度はほぼ $90°$ となり反射係数 $R$ は $-1$ で近似できる．受信電界 $E$ は $E_1$ と $E_2$ のベクトル和であることを踏まえて，受信電力である $|E|^2$ を $|E_1|^2$ で正規化した値は以下のように表される．

$$\frac{|E|^2}{|E_1|^2} = \frac{|E_1 + E_2|^2}{|E_1|^2} = \frac{\left|E_0\left(\dfrac{e^{-jk(r_1-1)}}{r_1} + R\dfrac{e^{-jk(r_2-1)}}{r_2}\right)\right|^2}{\left|E_0\dfrac{e^{-jk(r_1-1)}}{r_1}\right|^2}$$

$$\cong |1 - e^{-jk(r_2-r_1)}|^2 \qquad (r_1 \cong r_2 \cong d)$$

$$\cong \left|1 - e^{-2jk\frac{h_T h_R}{d}}\right|^2 = 2\left(1 - \cos\frac{2kh_T h_R}{d}\right) \qquad (1.50)$$

以上から，自由空間伝搬における送信点から距離 $d$ の位置での伝搬損失を $L_0$ と表すと，地面反射二波モデルにおける送受信点間の伝搬損失 $L$ は以下のように表される．

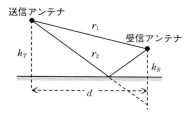

**図1.17**　地面反射二波モデル

$$L = \frac{L_0}{2\left(1 - \cos\dfrac{2kh_Th_R}{d}\right)} \tag{1.51}$$

　図1.18は，周波数$f=2\,\mathrm{GHz}$，送信アンテナ高$h_T=10\,\mathrm{m}$，受信アンテナ高$h_R=1\,\mathrm{m}$とした場合の，送受信点間水平距離$d$（波長$\lambda$で正規化）に対する伝搬損失の変化を示している．ある距離までは，式(1.51)の$\cos$の項による振動的な変化が生じ，伝搬損失が無限大となる場合$(1-\cos(2kh_Th_R/d)=0)$も生じる．ただし，大きな傾向としては距離$d$の2乗に比例した伝搬損失となっている．それに対してある距離を超えると，周期的な変動がなくなり$d$の4乗に比例した伝搬損失となる．この距離を**ブレークポイント**と呼ぶ．ブレークポイントを超える距離の範囲では，直接波と地面反射波の2つの経路の経路長が波長に比べて小さい値となる．地面反射波がほぼ$-1$の反射係数が乗算されることから，2つの経路を経る受信信号は逆相で合成されることになる．その結果として，減衰が大きくなる．

　送信点からブレークポイントまでの距離$d_b$[m]の定義にはいくつかあるが，代表的なものとしては，最も遠方の変化の極大点を与える距離を用いる場合が

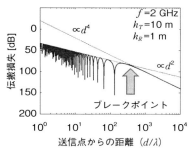

**図1.18**　地面反射二波モデルにおける伝搬損失の距離特性

ある．$1-\cos(2kh_T h_R/d_b)=1$ から，以下のように与えられる．

$$d_b=\frac{4h_T h_R}{\lambda} \tag{1.52}$$

### 1.3.2 電波の回折

回折の代表的な現象は，図 1.19 に示すような，ついたてによる見通し外領域に電波が回り込むことである．これは，電波の波動性に起因する (a) **物理光学**（PO：physical optics）や，壁の端部（エッジ）の局所的散乱で表される (b) **幾何光学**（GO：geometrical optics）で説明できる．

### a ナイフエッジ回折

物理光学に基づく，回折がある場合の伝搬特性を求める基本的な考えとして，**ナイフエッジ回折**がある [7]．図 1.20 はナイフエッジ回折のモデルを示している．送信点 T と受信点 R が $z$ 軸上にあり，距離 $(d_1+d_2)$ だけ離れている．$xy$ 平面上に無限半平面のついたてがあり，このついたてで見通しが遮られている．ついたての高さは TR を結ぶ直線から $H$ の高さがあるものとす

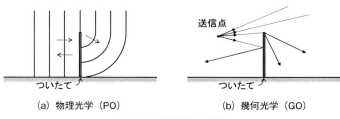

(a) 物理光学（PO）　　　　　(b) 幾何光学（GO）

**図 1.19　回折現象の理解**

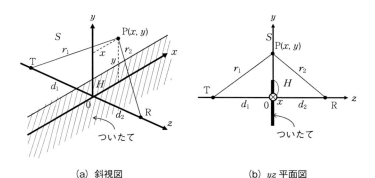

(a) 斜視図　　　　　(b) $yz$ 平面図

**図 1.20　ナイフエッジ回折のモデル**

る（負の値も対象とする）．このような状況において，ホイヘンスの原理に基づき，$xy$ 平面上のついたてがない部分の半平面 $S$ 上の点 $\mathrm{P}(x, y)$（点 P から T および R との距離をそれぞれ $r_1$ および $r_2$ とする）において二次波源を考え，この波源から受信点 R に伝搬する信号を $S$ 上のすべての P について積分して，TR 間の伝搬特性を得る．

　送受信点間の伝搬特性に支配的な伝搬経路は，TR を結ぶ直線周辺を通過する経路であると考えられることから，$d_1^2 \gg x^2 + y^2$ および $d_2^2 \gg x^2 + y^2$ と考える．地面反射二波モデルの近似計算と同様の近似により，

$$r_1 = \sqrt{d_1^2 + x^2 + y^2} \cong d_1 + \frac{x^2 + y^2}{2d_1} \tag{1.53}$$

$$r_2 = \sqrt{d_2^2 + x^2 + y^2} \cong d_2 + \frac{x^2 + y^2}{2d_2} \tag{1.54}$$

と表せる．二次波源を考える点 $\mathrm{P}(x, y)$ における電界 $E(x, y)$ は送信点から距離 $r_1$ だけ伝搬した信号と考えて $\mathrm{e}^{-jkr_1}/r_1$ に比例する値と考えることができる．その信号を二次波源の送信信号と考え，$S$ 上で積分することにより，受信点 R における電界 $E_{\mathrm{KE}}$ は，

$$E_{\mathrm{KE}} = \int_S E(x, y) \frac{\mathrm{e}^{-jkr_2}}{r_2} dS = K \int_S \frac{\mathrm{e}^{-jk(r_1 + r_2)}}{r_1 r_2} dS \tag{1.55}$$

と与えられる．ここで $K$ は送信電力に比例する定数である．式 (1.55) の積分を $xy$ 平面すべてに対して行えば，ついたてのない場合の電界が求まる．これを $E_0$ とする．これを用いて，$E_{\mathrm{KE}}$ は以下の積分によって与えられる（この形の積分は**フレネル積分**と呼ばれる）．

$$\frac{E_{\mathrm{KE}}}{E_0} = \sqrt{\frac{j}{\pi}} \int_s^\infty \mathrm{e}^{-jt^2} dt \tag{1.56}$$

ただし，$s$ は正規化したついたて高であり，

$$s = \sqrt{\frac{\pi(d_1 + d_2)}{\lambda d_1 d_2}} H \tag{1.57}$$

である．図 1.21 は，式 (1.56) の値を以下のように振幅と位相に分けて，$s$ の変化に対して描いたものである．

$$\frac{E_{\mathrm{KE}}}{E_0} = S(s) \mathrm{e}^{-j\phi(s)} \tag{1.58}$$

　振幅 $S(s)$ について，$s = 0$ はついたてのエッジが送受信点間直線上にあり，ちょうど半分の平面が遮蔽されている状況である．そのような場合には受信電

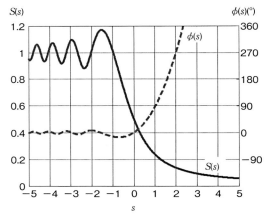

**図 1.21 ナイフエッジ回折**

界はついたてがない場合に比べて 1/2 となる．ついたて高が正の値をとり増加する，つまり，遮蔽度合いが大きくなると，回折され受信点に到達する電波の強度は徐々に低下する．逆に，$s$ が負の値となる，つまり，TR 間の見通しがある場合には，$s$ の減少に対して振幅は振動的に変化し，最終的には 1 に収束する．後に示すフレネルゾーンの節においてより明確に述べるが，これは，二次波源を経由する伝搬路と直接波の伝搬路との経路差が，二次波源の位置ごとに，相互に増加させたり減少させたりする関係となるからである．

## b 幾何光学的回折理論（GTD・UTD）

ナイフエッジ回折では物理光学・ホイヘンスの原理に基づき回折現象を説明したが，幾何光学に基づいて**回折係数**を計算する **GTD**（geometrical theory of diffraction）およびその改良版である **UTD**（uniform geometrical theory of diffraction）がある．これらの方法は，フェルマーの原理を基礎とした幾何光学に基づいている．GTD は回折を幾何光学的に取り扱う回折理論であり，回折を局所現象として扱っている．GTD では規範問題（無限長エッジや無限長円柱など）を組み合わせて回折係数を計算する．GTD ではいくつかの方向（直接波や反射波方向など）で計算が発散し，解が得られない問題があった．これら角度においても回折係数を計算可能とするように GTD を改良した方法が UTD である．これらの回折計算手法は，移動通信環境の伝搬特性解析手法として最も一般的な方法であるレイトレーシングにおける回折現象の計算手法としてよく用いられる．その詳細は専門書（たとえば ［5，6］など）を参照さ

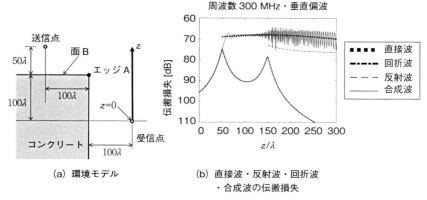

(a) 環境モデル

(b) 直接波・反射波・回折波
・合成波の伝搬損失

**図 1.22　回折波の大きさ**

れたい．ここでは，回折波の計算結果の例を示し，回折波の大きさのイメージ
を与える．

　図 1.22(a) のような環境モデルを考える．環境を表す長さは波長で正規化し
て表しているが，回折係数や距離による損失を計算するために必要であるので
周波数は 300 MHz としている．また偏波は垂直偏波（図の上下方向）であ
る．同図に示す $z$ 軸上を受信点が移動した場合の，送受信点間の伝搬損失を
同図 (b) に示している．この図には，直接波（存在する場合のみ），エッジ A
による回折波，面 B による反射波（存在する場合のみ），全到来波の電界次元
の合成（実際の伝搬損失），全到来波の電力次元の合成（参考：実際にはこの
値は観測されない），を示している．

　$z<50\lambda$ の領域では，送受信点間に存在するのはエッジ A によって回折され
る回折波のみである．$z=50\lambda$ において直接波が現れる．回折波も直接波が見
通しとなる角度周辺では比較的強度が大きくなることがわかる．また，
$z=50\lambda$ において強度の大きい直接波が不連続的に現れるが，回折波との位相
を考慮した合成により，電界次元の合成波では $z<50\lambda$ の領域と $z>50\lambda$ の領
域で連続性が保たれていることがわかる．$z>50\lambda$ の領域では，ナイフエッジ
回折の $s<0$ の領域と同様の周期的な変動が現れていることがわかる．ナイフ
エッジ回折では，ホイヘンスの原理に基づく二次波源からの寄与が直接波と同
相または逆相になる領域があることからこの変動が生じた．これに対して幾何
光学に基づく UTD の計算では，直接波とエッジ回折波の 2 波の経路長差に伴
う相互の位相関係の変化からこの変動が生じている．2 つの考え方は異なる

が，同じ現象を説明できている．$z=150\lambda$ において面 B による反射波が現れる．この角度でも，エッジ A の回折係数は比較的大きいことがわかる．反射波は直接波に比べて強度は小さいが回折波よりははるかに大きく，電界次元の合成（実際の伝搬損失）には直接波との位相関係の変化から比較的大きな強度変動が生じている．この結果からは，回折波が重要となるのは，直接波や反射波が存在しない場合であると言える．また，直接波や反射波が存在する・しないの境界では，回折波は比較的強度が大きく，その境界前後での受信信号の連続性を確保する必要がある場合には，回折波を考慮することは必要であることがわかる．

### c フレネルゾーン

電波の遮蔽の度合いを定量化する有効な考え方として**フレネルゾーン**がある．フレネルゾーンは，ナイフエッジ回折同様に，物理光学とホイヘンスの原理を基盤としている．

図 1.23 に示すように，送信点 T と受信点 R の間の伝搬特性を考える．ホイヘンスの原理から，経路 1 を通過する電波（直接波）と，他のすべての送受信点間経路（たとえば図の経路 2）を通過する電波の合成が R における受信信号となるが，この 2 経路の経路差 $\Delta d$ は，

$$\Delta d = (r_1 + r_2) - (d_1 + d_2) = (\sqrt{d_1^2 + r^2} + \sqrt{d_2^2 + r^2}) - (d_1 + d_2)$$

$$\cong \left\{ d_1\left(1 + \frac{r^2}{2d_1^2}\right) + d_2\left(1 + \frac{r^2}{2d_2^2}\right) \right\} - (d_1 + d_2) = \frac{r^2}{2}\left(\frac{1}{d_1} + \frac{1}{d_2}\right) \quad (1.59)$$

と近似的に与えられる．$d_1$, $d_2$, $r_1$, $r_2$ は図 1.20 の定義と同様である．また，ここでも，ナイフエッジ回折計算と同様に $d_1 \gg r$ および $d_2 \gg r$ とし，同じ近似を用いている．この経路差による位相差により，この 2 波の干渉関係が変化する．具体的には $\Delta d$ が波長に対してどのような大きさになるのかによって決まる．たとえば，$\Delta d$ が $\lambda/2$ の場合は，経路 1 を経る電波と経路 2 を経る電波は逆相になり相殺する．$\Delta d$ が $\lambda$ の場合には，逆に強め合うことになる．$r$ の増

**図 1.23** フレネルゾーンの考え方

加に伴って $\Delta d$ も増加するので，$r$ の増加に伴って直接波に対して強め合う領域と弱め合う領域が交互に現れることになる．図 1.21 に示すナイフエッジ回折においても同様の現象が発生している．障害物などがない空間では，伝搬路の特性は送受信点を結ぶ直線を軸とした回転対称になると考えられるので，この領域は楕円体となる．これを**フレネル楕円体**と呼ぶ．この様子を図 1.24 に示す．

　特に，$0 \leq \Delta d \leq \lambda/2$ となる $r$ の領域を第 1 フレネルゾーン，$\lambda/2 \leq \Delta d \leq \lambda$ を第 2 フレネルゾーン（以下同様）と呼ぶ．第 1 フレネルゾーンは，見通し経路付近に障害物があり，遮蔽の影響が出るか否かを判断する際の目安を与える．送受信点間を結ぶ見通しの直線と障害物との距離を**クリアランス**と呼ぶが，クリアランスがその位置での第 1 フレネルゾーン半径よりも大きければ，見通し回線への遮蔽の影響は小さいと言える．

　フレネルゾーン半径の大きさの具体例を示す．図 1.25 は，基本的な設定値を，

周波数：1 GHz
送受信点間距離：1 km
フレネルゾーン計算位置：送受信点の中央

とした場合の第 1 ～第 4 フレネルゾーン半径を示している．それぞれ，(a) 周

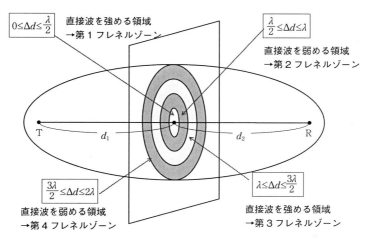

**図 1.24**　フレネル楕円体

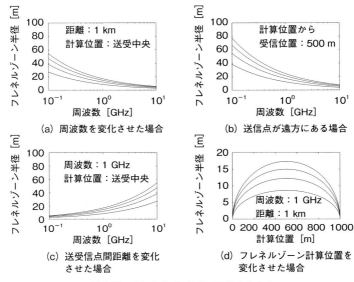

**図1.25 フレネルゾーンの具体的な大きさ**
それぞれのグラフの線は下から順に第1・第2・第3・第4フレネルゾーンを示す.

波数を変化させた場合, (b) 送信点が遠方にある場合 ($r_1 \to \infty$), (c) 送受信点間距離を変化させた場合, (d) フレネルゾーン計算位置を変化させた場合, である.

### 1.3.3 電波の散乱

#### a 散乱断面積

　前述の通り, 電波の散乱とは, 有限の大きさの物体に電波が入射した場合に, 正規反射を含めた全角度に電波が反射・回折する現象である. これは, 電波が入射した場合に, 電波の電界によりその物体に電流または分極が発生し, それが二次波源となって周囲に電波が広がる, つまり, 物体によって電波が散乱され再放射される, というメカニズムで発生する.

　図1.26に示すように, 電波の伝搬方向を $z$ 軸の正の向きとし, 原点に置いた散乱物体 (ターゲット) に平面波が入射する状況を考える. この入射平面波の単位面積あたりの電力 (入射電力密度), すなわち, ポインティングベクトルの大きさを $S_0$ とする. 図に示したように極座標で考え, 散乱物体により散乱された電波を座標 $(r, \theta, \phi)$ にある観測点 P において観測するものとする.

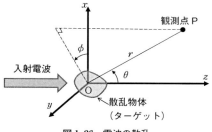

**図 1.26 電波の散乱**

点 P における散乱波の電力密度を $S$ とする．球面波の場合には距離の 2 乗に反比例して電力密度が低下することを考慮すると，原点から $(\theta, \phi)$ 方向に単位距離（＝1）の位置での散乱波の電力密度は $Sr^2$ となる．散乱方向に対する散乱波強度の指向性を，入射電力密度 $S_0$ に対する散乱後の単位距離の位置での散乱波電力密度 $Sr^2$ の比として $F(\theta, \phi)$ と表すと，

$$F(\theta, \phi) = \frac{Sr^2}{S_0} \tag{1.60}$$

となる．

この $F(\theta, \phi)$ を全方向について積分した値を $\sigma_s$ とする．すなわち，

$$\sigma_s = \iint F(\theta, \phi) \sin\theta d\theta d\phi \tag{1.61}$$

は，入射電力密度 $S_0$ に対する，散乱物体が全方向に散乱させた全電力の比となる．この $\sigma_s$ を**全散乱断面積**と呼ぶ．また，その定義からも，散乱物体が全方向に散乱させた全電力は，$\sigma_s S_0$ となる．

全散乱断面積に対して，特定の方向への散乱強度を示すものとして**散乱断面積**がある．散乱断面積は，その方向（たとえば図 1.26 の $(\theta, \phi)$ 方向）への散乱波電力と同じ電力が，仮想的に，すべての方向に散乱される，と仮定した場合の，その全電力と入射電力密度 $S_0$ との比である．これを $\sigma(\theta, \phi)$ と表すと，半径 $r$ の球の表面積が $4\pi r^2$ であることを考慮して，

$$\sigma(\theta, \phi) = \frac{4\pi r^2 S}{S_0} = 4\pi F(\theta, \phi) \tag{1.62}$$

となる．

**レーダ**は，この電波の散乱を利用した電波応用システムである．レーダとしては，送受信が同一位置・同一装置の方式が広く使われているが，その場合には送信方向に戻る散乱波を受信することになる．送受信が同一装置の場合を**モ**

ノスタティックレーダ，送受信の設置場所や装置が異なる場合を**バイスタティックレーダ**と呼ぶ．モノスタティックレーダの場合には $\theta=\pi$ であり，この方向の散乱断面積がレーダの検出能力に影響を与える．この場合の散乱断面積は，**レーダ断面積**，または，**後方散乱断面積**，などと呼ばれる．

全散乱断面積，散乱断面積，レーダ断面積，は，面積の次元の値である．単位は [m²] である．一般に，散乱物体が大きければ散乱断面積は大きくなるが，散乱断面積は必ずしも物理的な散乱物体の大きさ（断面積）ではない．散乱断面積は散乱物体の大きさだけではなく，その形状や材質，さらには入射する電波の入射角や周波数によっても変化する値となる．

散乱断面積の値は，簡単な形状については理論的に計算することが可能であり，波長に比べて十分小さい物体による散乱を表すレイリー散乱や，波長に比べて十分大きい平板からの散乱，などが示されている．また，マイクロ波帯における，代表的な散乱物体のレーダ断面積の代表値を表1.1に示す [8].

**表1.1 代表的な散乱物体のレーダ断面積**

| 物体 | レーダ断面積 [m²] |
| --- | --- |
| 小型ジェット機 | 2 |
| 中型ジェット機 | 20 |
| 大型ジェット機 | 40 |
| ジャンボ機 | 100 |
| ヘリコプター | 3 |
| 人体 | 1 |
| 鳥 | $10^{-3}\sim10^{-2}$ |
| 虫 | $10^{-4}\sim10^{-3}$ |

### b　レーダ方程式

レーダは，その目標が様々であり，また検出方法にも多くの方法がある．しかし，最も一般的な目的・方法は，指向性アンテナによりある方向に狭いビームの電波を送信し，その方向に存在するターゲットからの散乱波を受信するまでの時間を測定してその物体までの距離を求め，アンテナビーム方向と求めた距離からターゲットの位置を得るものである．その場合の受信される散乱波電力を計算する式としてレーダ方程式が一般に用いられる．

図1.27に示すように，レーダからの送信電力を $P_t$，レーダが用いるアンテナのターゲット方向のアンテナ利得を $G$，ターゲットまでの距離を $r$ とする．レーダから送信された電波のターゲット位置における電力密度 $S_1$ は，

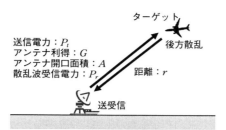

**図1.27** レーダの送受信電力とターゲットまでの距離

$$S_1 = \frac{P_t G}{4\pi r^2} \tag{1.63}$$

である. ターゲットからの散乱は後方散乱となるから, ターゲットからは上記 $S$ にレーダ断面積 $\sigma_r$ を乗じた値の電力が点波源として再放射されると考えてよい. これが再度距離 $r$ を伝搬することになるから, レーダ位置におけるターゲットによる散乱波の電力密度 $S_2$ は,

$$S_2 = \frac{P_t G \sigma_r}{(4\pi)^2 r^4} \tag{1.64}$$

となる. これにレーダアンテナのターゲット方向の実効面積 $A$ を乗じたものがレーダの受信電力となる. 式(1.33)の開口面積と利得の関係を使えば, レーダの受信電力 $P_r$ は,

$$P_r = \frac{P_t G^2 \lambda^2 \sigma_r}{(4\pi)^3 r^4} \tag{1.65}$$

となる. この式, もしくはこの受信電力 $P_r$ と雑音電力の比をとって SN 比の表現にしたもの, は**レーダ方程式**と呼ばれ, 送信電力, アンテナ利得, 用いる電波の周波数などのレーダシステムの諸元と, レーダが検出可能な距離(レーダ分野では「レンジ」と呼ばれることが多い)との関係を表している.

式(1.65)から明らかなように, レーダでは, 受信電力は距離の4乗に反比例する. これは, 一般の無線通信の受信電力が距離の2乗に反比例することと大きな差がある. そのため, 長い検出レンジを必要とするレーダは送信電力を極めて大きくする必要がある. 同じ電波・周波数という有限の資源を共有するレーダと無線通信システムの間に干渉問題が発生することは少なくないが, その問題の原因の一端は, 受信電力を確保することが困難で干渉を受けやすく, さらにそれを補うために大電力送信を行うレーダの特徴にある.

## ◇参考文献◇

[1] 電子情報通信学会 編（2008）：アンテナ工学ハンドブック（第2版），オーム社.

[2] 三瓶政一 編著（2014）：ワイヤレス通信工学，オーム社.

[3] 総務省：電波利用ホームページ［http://www.tele.soumu.go.jp/j/adm/freq/］

[4] 野本真一（2003）：ワイヤレス基礎理論，電子情報通信学会.

[5] 白井 宏（2015）：幾何光学的回折理論，コロナ社.

[6] 今井哲朗（2016）：電波伝搬解析のためのレイトレーシング法，コロナ社.

[7] 前田憲一，木村磐根（1984）：現代 電磁波動論，オーム社.

[8] M. I. Skolnik(2001)：*Introduction to radar systems* (3$^{rd}$ *Ed.*)，McGraw-Hill.

## ◇演習問題◇

**1.1** 式(1.14)を導け.

（参考）図1.28に示すように，直線状のアンテナの長さを $D$ とし，アンテナに垂直な方向で，アンテナ中央部と端部からの信号の受信位相の差が $\pi/8\,\mathrm{rad}$ となる距離 $r'$ を考えよ．つまり，同図における $\Delta r$ が $\pi/8$ の位相回転を与える距離である．なお，式(1.49)を導く際に用いる近似と同じ近似を用いよ.

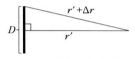

**図 1.28** 式(1.14)の導出

**1.2** 式(1.31)を用いて，以下の状況における自由空間伝搬損失の値をdB単位で求めよ．円周率 $\pi$ を3と近似し，さらに必要に応じて $\log 2 \fallingdotseq 0.3$ を用いて，できるだけ電卓などの計算機を使わずに計算せよ.

(a) 無線LANシステムの典型値として周波数 $2.4\,\mathrm{GHz}$，送受信点間距離 $10\,\mathrm{m}$ を想定し，この典型値に近い周波数 $2.5\,\mathrm{GHz}$，送受信点間距離 $10\,\mathrm{m}$ における自由空間伝搬損失.

(b) 携帯電話システムの典型値として周波数 $800\,\mathrm{MHz}$，送受信点間距離 $1\,\mathrm{km}$ を想定し，この典型値と同じ状況における自由空間伝搬損失.

(c) 衛星通信システムの典型値として周波数 $10\,\mathrm{GHz}$，送受信点間距離 $36{,}000\,\mathrm{km}$ を想定し，この典型値に近い周波数 $10\,\mathrm{GHz}$，送受信点間距離 $40{,}000\,\mathrm{km}$ における自由空間伝搬損失.

**1.3** コンクリートや大地の比誘電率は5〜10程度である．その代表値として比誘電率が9の無限に広がる壁面を考え，空中（媒質は空気，媒質定数は真空の値を用いよ）からこの壁面に入射角0で入射する電波の反射係数の絶対値をdB単位で求めよ．屈折率を求める式(1.41)および式(1.42)において，導電率は小さく，また，周波

数は十分に高いものとして虚数項は無視するとともに，壁面材質は非磁性体を想定して $\mu_1=\mu_2=\mu_0$ とせよ．必要に応じて $\log 2 ≒ 0.3$ を用いて，できるだけ電卓などの計算機を使わずに計算せよ．

（参考）本文中に示しているように，入射角 0 の場合には TE 入射も TM 入射も絶対値としては同じ値になる．その結果，式(1.45)を用いても，式(1.47)を用いても，同じ結果が得られる．

**1.4** 式(1.50)を導出せよ．

**1.5** 周波数 3 GHz，送受信点間距離 1 km として，送受信点間中央の位置における，第 1 フレネルゾーン，第 2 フレネルゾーン，第 3 フレネルゾーン，第 4 フレネルゾーンの半径を求めよ．

# 2 電離層伝搬

　2章では，高度約50 kmから数千kmにわたる電離圏と呼ばれる領域での電波伝搬の特徴を対象とする．本章では，まず電離圏と各電離層の種類について述べ，電離層で電波が反射する性質やメカニズムについて詳しく説明する．続いてVLF帯からHF帯にわたる各周波数帯での電離層伝搬の特徴を述べ，それらの周波数の利用例をそれぞれ紹介する．最後に電離層伝搬において生じるフェージングと呼ばれる受信レベル変動の特徴と発生原因を述べ，電離層伝搬による電波利用における問題点にも触れる．

## 2.1　電離層伝搬の無線通信システム

　電離圏内には2.2節で述べるように，D層，E層，およびF層と呼ばれる電子密度が極大となる特徴的な各層が存在し，これらを**電離層**という名前で総称する．これらの層ではVHF帯以下の周波数の低い電波が影響を受け，周波数に応じて地上から発射された電波は電離層の各高度で反射されて地上に戻ってくるという性質がある（図1.3参照）．このため，これらのVLF（超長波）帯，LF（長波）帯，MF（中波）帯，およびHF（短波）帯を含む周波数帯は，電波の利用が始まった20世紀当初から船舶の運航や大陸間にわたる長距離通信，あるいは広い範囲での外国向けの放送やアマチュア無線などに多く利用されてきた長い歴史がある．これらの周波数帯の地上波や電離層伝搬による上空波の利用は，マイクロ波帯の通信衛星や光ファイバー網による国際間の通信が極めて発達した今日においても，音声によるラジオ放送を中心に依然として重要であり，また災害時や僻地からの緊急の通信などにおいて威力を発揮する場合もある．

## 2.2　電離層と電離圏

　地球の大気の上層部分では，太陽からの紫外線や放射線によって大気の分子や原子が電離しており，その結果遊離した電子がVHF帯以下の比較的周波数

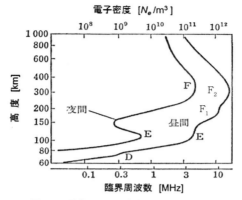

**図 2.1** 電離層の電子密度の高度分布 [1]

の低い電波の伝搬に影響を与える．このような大気が電離した**電離圏**は高度 50 km から数千 km にわたる広い範囲に存在するが，特に電子密度の高い高度範囲は電離層と呼ばれ，図 2.1 に示すように，下から **D 層**（高度約 50〜90 km），**E 層**（高度約 90〜160 km），および **F 層**（高度約 160〜300 km）の各層に分けられる．また，横軸は単位体積あたりの電子密度 $N_e$ [m$^{-3}$] であり，電離層に垂直入射した電波が反射を起こす最大周波数に相当する**臨界周波数**（2.4 節参照）との関係を同時に示してある．

D 層は太陽光線の当たる昼間の時間帯にのみ存在し，夜間は消滅する．E 層と F 層は夜間も存在するが，電子密度は昼間に比べて 1 桁ないし 2 桁小さくなる．この他，夏季に中緯度地方においては 100〜110 km の高度に，厚さ 1 km 前後の薄い断片上の，電子密度が極端に高い層が不規則に現れることがあり，**スポラディック E 層**（**Es 層**）と呼ばれる．また，夏季の昼間には F 層の電子密度のピークが 2 つに分かれることがよくあり，F$_1$ 層と F$_2$ 層に分類されることがある．

## 2.3 電離層の屈折率

電離層は電離によって生じた負電荷の電子と正電荷のイオンが互いに平衡状態で存在している．このようなプラズマ状態の中を電波が伝搬すると，自由電子が電界 $E$ によって振動して一種の**対流電流** $J = \sigma E$ が発生する．ここで，$\sigma$

は自由電子によって生じる電離大気の導電率である．また電離大気にはイオンも同時に存在するが，電子に比べて質量がはるかに大きいので電界による振動の影響は無視できる．したがって，電離層伝搬における**マクスウェルの方程式**は次のように書くことができる．

$$\nabla \times E = -j\omega\mu_0 H \tag{2.1}$$

$$\nabla \times H = \sigma E + j\omega\varepsilon_0 E = j\omega\varepsilon_0\left(1 + \frac{\sigma}{j\omega\varepsilon_0}\right)E \tag{2.2}$$

ここで，$E$ と $H$ は $\mathrm{e}^{j\omega t}$ の時間項で振動するとしている．

一方，**電子密度**を $N_e$ [m$^{-3}$]，電子の電荷を $e$ [C]，電子の移動速度を $v$ [m/s] とすると**電流密度**は $J = N_e e v$ で与えられ，これは $\sigma E$ に等しいから，

$$N_e e v = \sigma E \tag{2.3}$$

また，電子の質量を $m$ として電子の運動方程式を考えると，移動速度 $v$ も $\mathrm{e}^{j\omega t}$ の時間項で振動するから，

$$j\omega m v = e E \tag{2.4}$$

よって，式(2.3)と式(2.4)から $v$ を消去して $\sigma$ について解くと，

$$\sigma = \frac{N_e e^2}{j\omega m} \tag{2.5}$$

なお，電子密度は単に $N$ [m$^{-3}$] と表記されることもあるが，次章で扱う修正屈折率 $N$ と区別するため，$N_e$ とした．ここで，式(2.2)の右辺の括弧の項は**比誘電率** $\varepsilon_r$ に相当するので，これより**屈折率** $n = \sqrt{\varepsilon_r}$ を求めると，

$$\varepsilon_r = 1 + \frac{\sigma}{j\omega\varepsilon_0} = 1 - \frac{N_e e^2}{m\omega^2\varepsilon_0} \tag{2.6}$$

$$n = \sqrt{\varepsilon_r} = \sqrt{1 - \frac{N_e e^2}{m\omega^2\varepsilon_0}} \tag{2.7}$$

さらに，$e \fallingdotseq -1.602 \times 10^{-19}$ C，$m \fallingdotseq 9.109 \times 10^{-31}$ kg，および $\varepsilon_0 \fallingdotseq 8.854 \times 10^{-12}$ F/m を代入すると，式(2.7)は電波の周波数を $f$ [Hz] として，

$$n \fallingdotseq \sqrt{1 - \frac{81 N_e}{f^2}} \tag{2.8}$$

式(2.8)より，電波が地上から電離層を上方に伝搬するときに電子密度 $N_e$ が増大すると，見かけ上屈折率 $n$ が 1 より小さくなり，さらにある高度で $n = 0$ となると電波はその高度で反射されて地上に戻ってくることになる．そのときの電波の周波数 $f_N$ と反射高度における電子密度 $N_e$ との関係は，式(2.7)と式(2.8)より，

$$f_N = \sqrt{\frac{N_e e^2}{m\omega^2 \varepsilon_0}} \cong 9\sqrt{N_e} \tag{2.9}$$

$f_N$ は**プラズマ周波数**と呼ばれ，電離層伝搬を扱うときに大変重要な値である[2]．このプラズマ周波数 $f_N$ と電子密度 $N_e$ の関係は図 2.1 の横軸に示されている．

周波数帯としては，VLF 帯や LF 帯，MF 帯，および HF 帯が電離層で反射を起こし，電離層伝搬による長距離通信の対象となり得る．また Es 層が発生すると高度 100〜110 km 付近で一時的に電子密度が増加し，100 MHz あたりの VHF 帯電波まで電離層反射を起こすことがある．しかし，時間的に断片的であるため定常的な通信には不向きであり，むしろ多地点の地上伝搬による VHF 電波に対する遠距離からの妨害波となり得る．

## 2.4　臨界周波数

電離層へ直接入射した電波が地表から高度 $h'$ の電離層反射点まで往復するのに要する時間 $t$ は，光速 $c$ を用いて，

$$h' = \frac{ct}{2} \tag{2.10}$$

で表される，ただし，これはあくまでも見かけ上の高度であり，図 2.2 に示すように実際の電離層**反射点高度** $h$ はこれよりいくぶん低くなる．このことは，電離層中で伝搬速度が光速と屈折率の積

$$v = nc \tag{2.11}$$

で表されるので，$n$ が減少すると伝搬速度が光速よりその分遅くなるためである．したがって，式 (2.10) の $h'$ は電離層反射点の「見かけの高さ」と言われる．

電離層の反射点高度の測定は，地上から幅の狭いパルスで変調した電波を発射し，送信パルスと反射パルスの時間差を検出することによりなされる．このような測定原理は，この他にも主にマイクロ波帯の周波数において，様々な標的までの距離を計測するための，いわゆる「**パルスレーダ技術**」として，現在広く用いられている．

電離層の最大電子密度を $N_{\max}$ とすると，式 (2.9) より電離層の**臨界周波数**

$$f_c = 9\sqrt{N_{\max}} \tag{2.12}$$

が与えられる．もし電波の周波数 $f$ が $f_c$ 以上になると，式(2.8)より，もはや電波の屈折率 $n$ が 0 となることはないので，電離層で反射を起こさず，さらに上方へ通過する．したがって，$f_c$ は電波が反射を起こす最大周波数を意味し，「臨界周波数」と呼ばれる．

図2.2の下側に，周波数を徐々に上げていった場合に，前述のパルス変調発射波装置で測定される見かけの高さの分布の一例を示す．このように電離層に垂直入射した電波が見かけの高さ $h'$ で反射するとき，その電波の周波数は $h'$ に対する「**打ち上げ周波数**」$f_\perp$ に対応する．また，周波数を $1 \sim 10\,\mathrm{MHz}$ 程度の間でスイープして電離層反射高度を連続的に測定する装置のことを**アイオノゾンデ**（ionosonde），得られる曲線を「$h'\text{-}f$ **曲線**」，あるいは**アイオノグラム**（ionogram）という．$h'\text{-}f$ 曲線において，一般に見かけの高さ $h'$ は周波数 $f$

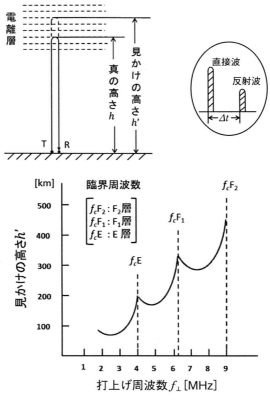

図2.2　電離層の高さの測定と $h'\text{-}f$ 曲線 [3]

とともに段階的に増加するが，これは下層のE層から上方のF$_1$，F$_2$層へと次々に電波が突き抜けて反射点が上方へ移動していることを意味する．このようにして，図より電離層各層の臨界周波数と反射点高度を求めることができる．臨界周波数は地上から電離層各層の最大電子密度を推定するのに重要であり，また臨界周波数と反射点高度から，電離層伝搬（主として反射）による遠距離通信において利用可能な周波数と，電波が到達可能な受信地域までの距離が決まる．

## 2.5 正 割 法 則

前節では，電波が電離層に垂直入射する場合を扱ったが，これにより臨界周波数，反射点高度などの重要な電離層伝搬に関する情報が得られるものの，自地点で電波を受信している限り通信には何の役にも立たない．したがって，電離層伝搬による遠距離通信には，もっぱら斜め入射波が用いられる．

そこで図2.3に示すように，電離層に対して$\phi$の入射角で周波数$f$の電波が侵入した場合を考え，電離層の各高度において**スネルの法則**

$$n_{k-1} \sin \theta_{k-1} = n_k \sin \theta_k \quad (k=1, 2, \cdots, l) \qquad (2.13)$$

を適用すると，2.3節で述べたように最初は上方ほど電子密度$N_e$が増大するので屈折率$n_k$は減少する．ここで$l$は高度の総数である．このため，入射角$\theta_k$は徐々に増加して電波の進路は次第に傾斜が大きくなり水平方向に近づく．したがって電離層中の反射点では$\theta_i \to 90°$，すなわち，$\sin \theta_i \to 1$となる．このとき，垂直入射の場合と異なり反射点での屈折率$n_i$は必ずしも0になる必

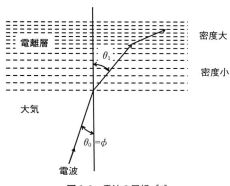

**図2.3 電波の屈折 [4]**

要はないことに注意を要する．一方，電離層下端の入射点の下側では中性大気（電子やイオンを含まない）に対して $n_0=1$ としてよいので，両者の関係をスネルの法則を用いて各層の間で結びつけると，結局 $\sin\theta_0=n_i$ となり，式(2.8)より，

$$n_i \fallingdotseq \sqrt{1-\frac{81N_e}{f^2}} \tag{2.14}$$

であるから，$\theta_0=\phi$ とおくと次式が得られる．

$$\sin\phi \fallingdotseq \sqrt{1-\frac{81N_e}{f^2}} \tag{2.15}$$

一方 $\sqrt{81N_e}=f_N$ の項は，式(2.9)のプラズマ周波数であり，これは前節で述べたように，電離層に垂直入射した電波が電子密度が $N_e$ となる高度で反射するときの打上げ周波数 $f_\perp$ を意味する．よって，

$$\sin\phi=\sqrt{1-\frac{f_\perp{}^2}{f^2}} \tag{2.16}$$

これより，図 2.4 に示すように反射点高度の等しい斜め入射波の周波数 $f$ と垂直入射波の周波数 $f_\perp$ の間には次の関係があることがわかる．

$$f=f_\perp \sec\phi \tag{2.17}$$

これを**正割法則（セカント法則）**と言う．ただし，$\sec\phi:=(\cos\phi)^{-1}$ である．ここで，前節で述べた見かけの反射点高度を $h'$，送受信点間の伝送距離 TR を $d$ とすると，式(2.17)は，

$$f=f_\perp \sec\left(\tan^{-1}\frac{d}{2h'}\right) \tag{2.18}$$

ここで，一般に $f>f_\perp$ であり，伝送距離 $d$ が長くなり，斜め入射角 $\phi$ が大

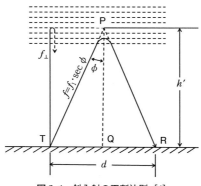

図 2.4　斜入射の正割法則 [4]

きくなるほど使用周波数 $f$ が高くなることを示す．したがって，使用周波数が垂直入射の場合の臨界周波数 $f_c$ に近づき，さらに $f_c$ の値を超えても斜め入射波に対しては反射可能な場合がある．特に HF 帯のように電離層伝搬では比較的高い部類の周波数帯では，図 2.5 に示すように入射角 $\phi$ が小さく垂直入射に近いときに $f$ が $f_c$ を超えると突き抜ける．しかし，$\phi$ がある程度大きくなり $f = f_c \sec \phi$ が満たされると，反射によって遠方まで伝送可能になる．したがって，ある範囲まで送信点の周囲には電離層反射による電波（地上波に対し**上空波**と呼ばれる）が到達しない領域が生じ，その距離を「**跳躍距離**」と呼ぶ．

　電離層を伝搬する電波の速度を $v$（この場合は位相速度ではなく群速度に相当する）は，式 (2.11) から光速と屈折率により $v = nc$ で与えられる．ここで図 2.4 において見かけ上の反射点を P とすると，送信点 T から受信点 R への伝搬時間は TP と PR を結んだ直線を真空中の速度（光速）$c$ で伝搬するのに要する時間と同じになる．これを「**ブライトチューブの法則**」と言う．

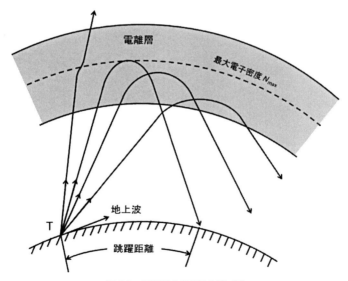

図 2.5　電離層中の電波伝搬 [1]

# 2.6　電離層の伝搬特性

## 2.6.1　VLF, LF帯

　VLF（超長波）帯とLF（長波）帯の電波は，地表波の減衰が少なく，特に海上では1000 km程度まで電離層による反射より強くなる．電離層伝搬波はE層下部で反射され，電離層と大地の間を何回も反射しながら遠距離まで伝搬する．またVLF帯の電波では波長が数十kmとD層の高度と同程度であるので，電離層と地表面で形成される一種の導波管の中を伝搬していると考えられる．

　受信電界強度は季節的には冬が強く，一日の内では夜間が強い．VLF帯, LF帯電波は他の周波数に比べて遠距離まで非常に安定であり，昔から海上遠距離の伝搬方法に広く利用されてきた他，最近では電波時計などでも利用されている．

## 2.6.2　MF帯

　MF（中波）帯の電波はE層で反射可能であるが，昼間はその下に存在するD層にほとんど吸収されてしまい，地表までほとんど電波が返ってこない．しかし夜間はD層が存在せず，D層による減衰もなくなるので，E層による反射波が遠方まで伝搬可能である．外国を含めて遠方の中波放送（AMラジオなど）が夜間に受信されるのは，このためである．ただし送信点から100～150 km程度の距離では，夜間に地表波と上空波（電離層反射波）が同程度の強度で到来して干渉を起こす，これは「**近距離フェージング**」と呼ばれる．以

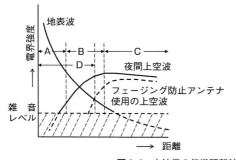

中波におけるサービスエリア

A：夜間第一次サービスエリア
B：近距離フェージング
C：夜間第二次サービスエリア
D：昼間サービスエリア

図2.6　中波帯の伝搬距離特性　[4]

上の中波帯の電離層伝搬の伝送距離特性を図2.6にまとめて示す.

### 2.6.3 HF 帯

HF（短波）帯はE層またはF層で反射され，D層で受ける減衰はこの周波数帯ではあまり大きくない．特にF層で反射された電波は非常に遠くまで伝搬可能である．例えば，地表から仰角0°で発射された電波は約4000 km 伝搬し，さらに大地反射とF層反射を繰り返し遠距離に達することがある.

HF帯の電離層内での減衰は波長が短いほど少ないので，周波数が高いほど伝搬条件は良好となる．また夜間はE層の電子密度も減少するので，さらに減衰は少なくなるが，同時にF層でも電子密度が減少して反射点の臨界周波数 $f_c$ が低下する．したがって，使用周波数があまりに高いと昼間は反射可能な波長の電波であっても夜間はF層を突き抜けてしまう恐れが生じる．このことは季節によっても状況が変化し，一般に夏季ほど高い周波数が使用可能である.

このようにHF帯の電離層伝搬では，昼夜および季節によって使用周波数を変える必要が生じる．このため送信点におけるF層の臨界周波数 $f_c$ をアイオノグラムの $h'\text{-}f$ 曲線で常に把握しておく必要がある．ここで入射角 $\theta$ で打ち上げる場合にF層で反射可能な最高周波数を「**最高使用周波数（MUF：maximum usable frequency）**」と言い，式(2.17)の正割法則より，

$$f_M = f_c \sec\theta \qquad\qquad (2.19)$$

で与えられる．MUFは斜め入射で反射可能な限界値であるから，実際の運用ではこの85%程度の値が用いられ，これを「**最適使用周波数（FOT：frequency of optimum traffic）**」と言う．FOTの標準的な値は，近距離で3〜6 MHz，遠距離で10〜20 MHz程度である．図2.7に時間および距離と季節に対するFOTの変化の例を示す．また周波数を逆に低くすると減衰が大きく電波が到達困難になり，使用可能な最低周波数は「**最低利用周波数（LUF：lowest usable frequency）**」と呼ばれる.

ここで，任意の距離 $d$ に対し周波数 $f$ で通信可能かどうかは，これらのパラメータを用いて式(2.17)の正割法則を $f$ 対 $h'$ の関係式に書き改め，アイオノグラムの方から得た $h'\text{-}f$ 曲線と比較することにより判断できる．すなわち図2.4において $\phi = \theta$ とおくと，

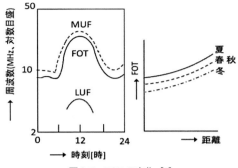

図 2.7 FOT の変化 [3]

$$\sec \theta = \sqrt{1+\left(\frac{d}{2h'}\right)^2} \tag{2.20}$$

であるから, 式 (2.17) は,

$$h' = \frac{d}{2\sqrt{(f/f_\perp)^2-1}} \tag{2.21}$$

この曲線は「**伝送曲線**」と呼ばれ, 図 2.8 において $d$ と $f$ の各パラメータに対して破線で示したものである. そして実線で示した $h'$-$f$ 曲線の実測値 (アイオノグラム) との交点が, 斜め入射伝搬を実現できる条件を表す. 1 本の破線が実線と 2 か所で交わる場合には, 送受信点間を結ぶ電離層内の通路が 2 本存在することを示す. また実線と破線がちょうど 1 点で「接する」条件が, 斜

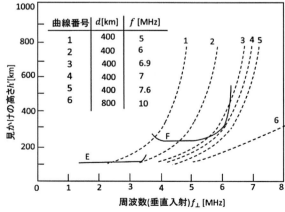

図 2.8 $h'$-$f$ 曲線 (実線) と伝送曲線 (破線) [5]

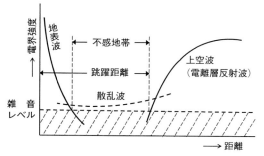

図2.9 不感地帯と跳躍距離 [4]

め入射の MUF に相当する.

HF 帯では,地表波は数十 km 程度まででほとんど減衰し,MUF の 85% 程度の FOT を用いた通信では**跳躍距離**が存在する.このため,図2.9 に示すように HF 帯の斜め入射による電波伝搬には「**不感地帯**」が生じる.したがって HF 帯では MF 帯の時に問題となったような地表波と上空波(電離層反射波)との間の干渉によるフェージングは生じない.ところが,HF 帯の場合には,様々な電離層反射波が遠くまで到達可能であるので,遠地点においてそれらの間の干渉が生じるようになる.これは図2.8 で示したように複数の通路があるときや,大地反射波との繰り返しによる 2 回反射波や 3 回反射波などが同地点に到達する場合に生じる.HF 帯におけるこの現象は,MF 帯の「近距離フェージング」に対し,「**遠距離フェージング**」と呼んで区別される.

## 2.7 電離層のフェージング

電離層伝搬における受信電界強度は,伝搬路上の数々の要因により時間的に変動が生じることがある.この現象は一般に**フェージング**と呼ばれ,次のような種類のものが挙げられる.

### (1) 干渉性フェージング

同じ送信所から発射された電波が異なる複数の経路を経て受信点まで伝搬して互いに干渉するもので,先に挙げた MF 帯の「近距離フェージング」や HF 帯の「遠距離フェージング」がこれに当てはまる.フェージングの原因は,電離層反射点での電子密度の時間的変動によって,臨界周波数や反射後の電界強

度が変化するためであり，変動の周期は比較的長くて規則正しいのが特徴である．また周波数が低いほど発生しやすく，日の出と日没後に最も顕著に見られる．

## (2) 偏波性フェージング

電離層で反射されるときに電離層の変動の影響で偏波面が時間的に変化して生じるフェージングであり，変動は不規則で周期は短い．

## (3) 吸収性フェージング

電離層での吸収による電波の減衰量が，電子密度の変化により時間的に変動するために生じ，周期は長い．

## (4) 跳躍（スキップ）フェージング

跳躍距離付近で，電波の周波数が MUF に近いときに，電子密度の変化から電離層を突き抜けてしまったり，反射してきたりするために生じるフェージングである．

なお以上の他に，伝搬特性が送信電波の周波数帯域に及ぼす影響から，帯域全体にわたって生じる場合を「同期性フェージング」，帯域の部分によって状態が異なる場合を「選択性フェージング」と呼んで区別する．選択性フェージングは周波数ひずみを発生させる．

◇参 考 文 献◇

[1] 池上文夫（1985）：応用電波工学，コロナ社.
[2] 後藤尚久，新井宏之（1992）：電波工学，昭晃堂（2014年に朝倉書店から再発行）.
[3] 吉川忠久（2008）：1・2陸技受験教室③無線工学B［第2版］，東京電機大学出版会.
[4] 吉川忠久（1992）：2陸技1・2総通受験教室④無線工学B，東京電機大学出版会.
[5] 松尾　優 編（1988）：電波技術ハンドブック，日刊工業新聞社.

◇演 習 問 題◇

**2.1** 電子密度が $2\times10^{11}\,\mathrm{m}^{-3}$ のときのプラズマ周波数を求めよ.
**2.2** 図2.2において電離層からの反射波が $1\,\mathrm{m\cdot s}$ 経過して返ってきたとき，反射点の見かけの高さを求めよ．またこの時の打ち上げ周波数を $5\,\mathrm{MHz}$ とするとき，電離層の反射点における電子密度はいくらか.
**2.3** ブライトチューブの法則を証明せよ.
**2.4** F層の臨界周波数を $9\,\mathrm{MHz}$ とするとき，入射角が $60°$ と $45°$ の場合の MUF と FOT を求めよ.

# 3 対流圏伝搬

　前章では，高度 50 km 以上の電離圏における VHF 帯以下の電波の電離層伝搬の特性について説明したが，3 章では VHF 帯以上の電波について，主としてそれらの地上波による対流圏伝搬の特性を述べる．本章ではまず高度約 10 km 以下の対流圏内での電波伝搬の特徴を述べ，対流圏内で電波が屈折する原理を説明して電波の通路を解明するのに重要な修正屈折率や等価地球半径の概念を導入する．続いて見通し内伝搬で生じる各種フェージングの発生原因とメカニズムを述べ，さらに見通し外伝搬での回折波や散乱波などの特徴を紹介する．最後に最近電波利用と周波数開拓が進みつつある，より周波数帯が高いマイクロ波帯やミリ波帯で問題となる降雨減衰と交差偏波識別度劣化について説明する．

## 3.1　対流圏伝搬の無線通信システム

　VLF 帯から HF 帯までの周波数帯は，電波利用が大陸間通信などで実用化された 20 世紀のはじめから電離層伝搬を利用して用いられてきたのに対し，VHF 帯，UHF 帯，あるいはさらに上のマイクロ波帯やミリ波帯の電波利用は，20 世紀の半ばあたりから新たに開拓された比較的新しい技術分野に相当する．当初これらの周波数帯の電波は，波長が短くなることを利用して時間と空間分解能の優れたレーダ技術の開発に適用されたが，次第に地上の大容量通信に利用されるようになった．マイクロ波帯の周波数では，それより低い周波数帯と異なり，立体アンテナを用いて数度以下のアンテナビーム幅が実現可能となり，周囲からの影響が少ない 2 点間の通信路を確保できるという利点がある．また 1〜10 GHz の周波数は，電離層や対流圏での減衰などの影響がいずれも少ないため「**宇宙の窓**」と呼ばれる宇宙通信に最も適する周波数帯域であり，人工衛星を用いた国際間の衛星通信に用いられている．そして最近のブロードバンド通信やハイビジョン放送，特に 5 G（第 5 世代）移動体通信や大容量衛星通信，あるいは高感度のレーダやセンサ利用の時代の到来を迎え，マイクロ波帯およびミリ波帯などの 10 GHz 以上のますます高い周波数帯の利用が

近年急速に進みつつある.

## 3.2 対流圏と電波

　電波が VHF 帯以上になると，Es 層の発生時などのように特別に電子密度が高い場合を除いて，地上から発射された電波は電離圏からさらに上空の磁気圏や宇宙空間へと通り抜けていく．このため，上空に他の何らかの，たとえば人工的な反射体が存在しない限り，上空波を用いた遠距離通信は，もはや不可能である．実は，衛星通信はこのような発想のもとに生まれたと言える．したがって，VHF 帯以上では衛星通信を除いては対流圏内を伝搬する地上波が通信の主流となる．

　地上波の伝搬に関連して，大地反射波や回折波，地表面ならびに地上の障害物の影響によって生じる基本的な問題については既に前章で述べたので，本章では地上波の伝搬媒質である**対流圏**大気そのものの性質が電波伝搬路に与える影響について検討する．

　近年，電話回線網などの地上の無線通信回線では，周波数の混雑あるいは伝送容量の増大などに伴い，マイクロ波帯（1～30 GHz），さらにミリ波帯（30～300 GHz）まで実用に供されるようになってきた．ところが，これらの周波数帯の電波は大気の密度や温度の変化に伴う屈折率変動の影響を受けるだけでなく，波長が数 cm から数 mm 程度まで短くなるため，大気中の雲や霧あるいは降雨時の雨滴や雪片などの影響を受けるようになる．特に周波数が10 GHz 以上（波長 3 cm 以下）になると，数 km 程度の比較的短い伝搬路長においても降雨による減衰が顕著に現れてくるので，衛星通信回線の場合を含めて，降雨の影響が回線設計上無視できなくなる．

　またマイクロ波帯からミリ波帯にかけての周波数では，図 3.1 に示すように水蒸気や酸素の気体分子の共鳴現象による電波の**吸収帯**が多く存在する．顕著なものとしては，水蒸気分子の 22.4 GHz と 188.3 GHz，酸素分子の 60 GHz と 120 GHz がある．図 3.1 にはこれらの吸収帯による単位距離あたりの吸収量（dB/km）を示してある．また降雨（破線）および霧（一点鎖線）による単位距離あたりの減衰量も同様に示してある．これらの気体分子による吸収帯では，伝搬距離が長くなると減衰が大きくなるので長距離通信には不向きである．

　ちなみに衛星回線においても，現在使用されているマイクロ波帯の 6/4 GHz（C 帯），14/12 GHz（Ku 帯），および 30/20 GHz（Ka 帯）に加えて，ミリ波帯において 50/40 GHz（イタリアの ITALSAT 衛星で利用開始），80/70 GHz，100/90 GHz などの利用が計画されているが，上記の気体分子による吸収帯を避けて各周波数帯が分配されている．ここで，たとえば C 帯の 6/4 GHz とは，上り回線（地球局から衛星）で 6 GHz 帯，下り回線（衛星から地球局）で 4 GHz 帯がそれぞれ使用されることを示す．ただし，衛星放送の周波数帯としては，現在使用されている 12 GHz 帯の次は 22 GHz 帯の利用が予定されているが，これは図 3.1 からもわかる通り水蒸気の最初の吸収帯に当たり，少なからぬ影響が予想されている．なお，水蒸気吸収量は絶対温度に比例し，日本の夏季においては図 3.1 に示された世界の標準的な中緯度地方の値の 2〜3 倍になることがあり得る．

　ところで，これらの気体分子の吸収帯は遠距離通信には不向きであるが，逆に数 km 以内の近距離における無線通信回線などでは，サービスエリアを越えると電波が大きく減衰するために，むしろ同じ周波数帯を使い他の地点との混信を防ぐことができるという利点になり得る．

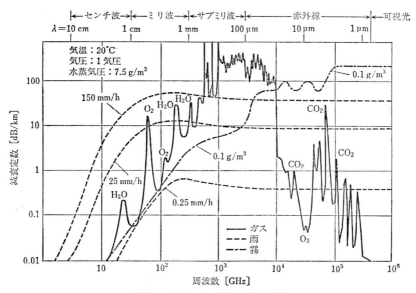

図3.1　大気による電波の減衰 [1]

# 3.3 大気中の電波の屈折

### 3.3.1 屈折指数

大気の誘電率は電磁気学などでは通常真空の誘電率 $\varepsilon_0$ で近似され，したがって空気の屈折率 $n$ は極めて 1 に近く，たとえば室内で電波や光の通路などを扱うときは，$n=1$ としてほとんど問題ない．ところが，対流圏内で地上波による長距離通信の場合のように大気中を電波が数十 km 以上にわたって通過するときには，大気密度によるわずかな屈折率の増加が伝搬路に顕著な影響を与えるようになる．

地球大気の屈折率 $n$ は対流圏のように大気が電離していない場合には，気圧 $p$ [hPa]，水蒸気圧 $e_w$ [hPa]，および絶対温度 $T$ [K] により，次式で与えられる [2]．なお，水蒸気圧は単に $e$ [hPa] と表記されることもあるが，ここでは電気素量 $e$ と区別するため $e_w$ とした．

$$n=1+\left(\frac{77.6}{T}p\times10^{-6}+\frac{0.373}{T^2}e_w\right) \tag{3.1}$$

ここで $n$ は通常，極めて 1 に近いので，$n$ の代わりにその値の 1 からの変化分を $10^6$ 倍だけ拡大した「**屈折指数**」$N$（N unit：NU）を用いた方が都合がよい．

$$N=(n-1)\times10^6 \tag{3.2}$$

対流圏伝搬では，大気の屈折率を表すのに，この屈折指数がよく用いられる．

実際の大気における屈折率の分布は，時間や高度とともに絶えず変化し，一般に複雑な様相を示すが，平均的な対流圏内の電波伝搬特性を議論するときには，長期の統計に基づく標準的な大気の気圧，温度，水蒸気圧の測定値から推定された屈折率の高度分布モデルが用いられる．すなわち，標準的な中緯度地方の大気については，屈折率分布は高度 $h$ [km] に対して，

$$n(h)=1+289\times10^{-6}e^{-0.136h} \tag{3.3}$$

で与えられる．式(3.3)より，屈折率の小数部分は高さ $h$ に対して指数関数的に減少し，高度とともに屈折率は 1 に近づく．これは重力により密度成層している大気の圧力や密度がやはり基本的に高度とともに減少することに関係しており，式(3.1)から容易に両者の関係が理解できる．

また屈折指数は同様に高度 $h$ [km] に対して，

$$N = 289 \times e^{-0.136h} \tag{3.4}$$

で与えられ，屈折率および屈折指数の高さに対する変化分は地表付近において

$$\frac{\Delta n}{\Delta h} = -39 \times 10^{-6}, \quad \frac{\Delta N}{\Delta h} = -39 \tag{3.5}$$

となる．このように，大気の屈折率は平均として高さとともに減少するので，電波の通路は一般に地表の方へ次第に曲げられる性質がある．ただし，$n$ は上空において 1 に漸近し，対流圏伝搬では電離層伝搬の場合のように 0 となることはないので，電波の反射が生じることはない．また地表面も球面大地であるから湾曲しており，式(3.5)の場合のような標準大気においては，後述するようなダクト伝搬などの特殊な場合を除いて電波が再び表面に戻ってくることはない．

### 3.3.2 球面大地上のスネルの法則

このように，密度成層した大気の屈折率が高度方向に順次変化していく場合，電波の通路は前章で述べた**スネルの法則**により追跡できるが，伝搬距離が数十 km の長距離に及ぶときは地球の球面効果を考慮に入れる必要がある [2]．したがって，長距離対流圏伝搬においては，図 3.2 に示すような球面を考慮に入れた多層分割モデルに対して，スネルの法則の拡張を行う必要があ

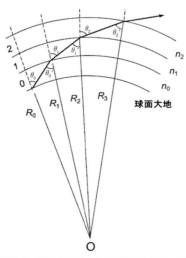

**図 3.2　球面を考慮した多層分割モデル** [3]

る．まず，図 3.2 の第 0 層と第 1 層の境界についてスネルの法則を適用すると，

$$n_0 \sin \theta_0' = n_1 \sin \theta_1 \tag{3.6}$$

ここで，$n_0$，$n_1$ は各層の屈折率であり，$\theta_0'$ は第 0 層から第 1 層に対する入射角，$\theta_1$ は第 1 層の屈折角である．各層が平面大地上にあり平行と見なせる場合は，第 0 層の屈折角 $\theta_0$ と第 1 層に対する入射角 $\theta_0'$ は等しくなるが，図 3.2 の球面大地上の場合，これらの間にはわずかながら違いが生じる．電波が上方へ伝搬することは $\theta_0 > \theta_0'$ を意味する．したがって，球面の影響を考慮するときは，各層の屈折率と入射角の正弦（sin）の積をただ単純に等しいとおいて直接結びつけることはできない．

そこで，$\theta_0$ と $\theta_0'$ の関係を明らかにするために，図 3.2 に示したように地球の中心 O から地表の第 0 層までの距離 $R_0$ と第 1 層までの距離 $R_1$ を二辺とする三角形において，内角 $\theta_0'$ と $\pi - \theta_0$ に対して正弦定理を適用すると，

$$\frac{R_0}{\sin \theta_0'} = \frac{R_1}{\sin (\pi - \theta_0)} \tag{3.7}$$

式 (3.6) と式 (3.7) から $\theta_0'$ を消去すると

$$n_0 R_0 \sin \theta_0 = n_1 R_1 \sin \theta_1 \tag{3.8}$$

したがって，各層間において電波の経路と各層の半径 $R_k$ がなす角 $\theta_k$ について「**球面を考慮したスネルの法則**」$n_{k-1} R_{k-1} \sin \theta_{k-1} = n_k R_k \sin \theta_k$ $(k=1, 2, \cdots, l)$ が成り立つから，

$$n_0 R_0 \sin \theta_0 = \cdots = n_k R_k \sin \theta_k = \cdots = n_l R_l \sin \theta_l \tag{3.9}$$

なる関係式が全層にわたって得られる．ここで $l$ は各層の総数を表す．

### 3.3.3 修正屈折指数

ここで，改めて地球の半径を $a$ [km] とすると，高度 $h$ [km] における屈折率 $n(h)$ は地表面における屈折率 $n_0$ と式 (3.9) より次の関係にあることがわかる．

$$n_0 a \sin \theta_0 = n(h)(a+h) \sin \theta_h \tag{3.10}$$

ただし，$\theta_0$ は同様に地表における上空への入射角，$\theta_h$ は高度 $h$ における入射角である．また，$a \gg h$，$n(h) \cong 1$ より式 (3.10) は，

$$n_0 \sin \theta_0 = \left\{ n(h) + \frac{h}{a} \right\} \sin \theta_h \tag{3.11}$$

さらに

$$m(h) = n(h) + \frac{h}{a} \tag{3.12}$$

とおくと $m(0) = n_0$ であるから,

$$m(0) \sin \theta_0 = m(h) \sin \theta_h \tag{3.13}$$

このように,式(3.12)であらかじめ高度に応じて屈折率の変換を行っておくと,式(3.13)では見かけ上,屈折率は地球の半径 $a$ に対して無関係になる.すなわち,式(3.13)は地球大地を平面と見なしたときのスネルの法則を与え,平面大地上では,電波の伝搬路は各高度の屈折率を式(3.12)によって換算した場合の経路に従うことを意味する.この $m$ の値を「**修正屈折率**」と言う.この値も通常 1 との差をとって $10^6$ 倍することにより,「**修正屈折指数**」$M$(M unit:MU)で表す.すなわち,

$$M = (m-1) \times 10^6 \tag{3.14}$$

地球の半径は約 $a=6370\,\mathrm{km}$ であるので,式(3.12)より,修正屈折指数 $M$ と屈折指数 $N$ の間には次の関係がある.

$$M = \left\{ n(h) - 1 + \frac{h}{a} \right\} \times 10^6 = N + 157h \tag{3.15}$$

また標準大気の地表付近では式(3.4)と式(3.5)より

$$N \cong 289 - 39h \tag{3.4}'$$

であるから,

$$M \cong 289 + 118h \tag{3.15}'$$

したがって,$M$ は $N$ とは逆に見かけ上高度とともに増加し,地表面を平面と考えると電波は上方へ湾曲して伝搬することになる.このことは一見奇妙に思えるが,現実の伝搬路では3.3.1項で述べたように屈折率 $n$(屈折指数 $N$)が高度とともに減少することにより上方へ向かう電波は地表の方へ曲げられる.しかし,通常その曲率が大地の曲率より小さいため,地表面に対してはむしろ遠ざかる傾向にあることを意味する.

### 3.3.4　等価地球半径

　前項で述べた修正屈折率は,地表面を平面と見なせる点で有用であるが,依然として標準大気においても電波の経路は湾曲するので,たとえば,伝搬路の高度断面図(見通し図)などに経路を書き込む場合,各高度における伝搬の上

下方向をその都度計算により求める必要が生じる．このように実際に伝搬経路を調べる場合，地表の断面図を平面大地に変換するよりもむしろ伝搬路が直線となるような変換を行った方が便利なことがある [2]．そこで屈折率は，式 (3.5) より，標準大気では地表付近において，

$$n(h) = n_0 + \frac{dn}{dh}h, \quad \frac{dn}{dh} \cong -39 \times 10^{-6} \tag{3.16}$$

で近似されるから，地表の曲率効果を含んだ修正屈折率は式 (3.12) より，

$$m(h) = n_0 + \left(\frac{dn}{dh} + \frac{1}{a}\right)h \tag{3.17}$$

ここで，$dn/dh + 1/a$ の項は定数であるから，これを $1/(k \cdot a)$ とする係数 $k$，すなわち，

$$k = \left(a\frac{dn}{dh} + 1\right)^{-1} \cong \frac{4}{3} \tag{3.18}$$

を定義し，かつ $n_0 \cong 1$，$k \cdot a \gg h$ であるから，修正屈折率 $m$ を次のように表す．

$$m(h) = n_0 + \frac{h}{k \cdot a} \cong n_0\left(1 + \frac{h}{k \cdot a}\right) \tag{3.19}$$

これを，式 (3.13) の修正屈折率に対するスネルの法則に代入すると，

$$n_0 \sin\theta_0 = n_0\left(1 + \frac{h}{k \cdot a}\right) \sin\theta_h \tag{3.20}$$

となり，結局，

$$n_0(k \cdot a) \sin\theta_0 = n_0(k \cdot a + h) \sin\theta_h \tag{3.21}$$

なる関係式が得られる [2]．この式 (3.21) を式 (3.10) で示した地球球面大地上の高度 $h$ [km] におけるスネルの法則と比較すると，式 (3.21) は地球半径を "$a$" から "$k \cdot a$" に置き換えた場合の球面大地上のスネルの法則に他ならない．このように地球の半径を $k \cong 4/3$ 倍にすると高度 $h$ にかかわらず，屈折率は地表面の値 $n_0$ を用いることができることを意味する．これは大変興味深い結果であり，各高度の屈折率が一定となるので，地球の半径を 4/3 だけ修正した球面大地上では，標準大気の場合は電波の通路は見かけ上「屈折しない」ため直線となる．ここで，$k$ は「**等価地球半径係数**」，$k \cdot a$ は「**等価地球半径**」と呼ばれる．以上の関係を図 3.3 にまとめて示す．なお，この係数 $k$ は，1 章で述べた電波の波数 $k$ とは異なる意味であるので，注意をしておく．また図 3.3(a) の $R'$ は電波の経路の曲率半径を表す．

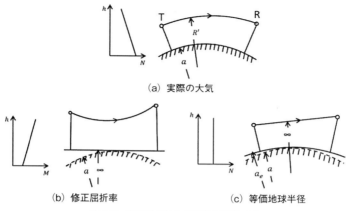

図 3.3 修正屈折率と等価地球半径 [1]

(a) 実際の大気

(b) 修正屈折率

(c) 等価地球半径

前述のように，標準大気においては $k$ の値は 4/3 程度であるが，地域や気象状態によって 0.7 から ∞（無限大：大地が平面と見なされる），場合によっては負の値（大地が「凹面」と見なされる）となることがあり，通信上の障害（k 形フェージングやダクト形フェージング）を生じることがある．また，図 3.4 に実際に回線設計で用いられる見通し図の例を示す．

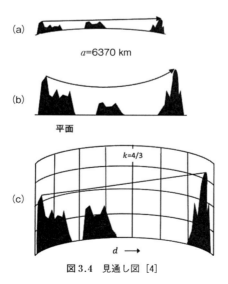

(a)

$a$=6370 km

(b)

平面

(c)

$k$=4/3

$d$ ⟶

図 3.4 見通し図 [4]

# 3.4 見通し内伝搬

## 3.4.1 フェージング

見通し内伝搬では，前章で述べたように受信電界は主に直接波と大地反射波からなる．実際の大気中では屈折率分布が気象状態によって複雑に変化するため，これらの直接波や反射波は大きく変動し，その結果，受信電界にフェージングが生じる．見通し内伝搬におけるフェージングとして主なものは，「シンチレーション」，「k形フェージング」，および「ダクト形フェージング」がある．また周波数 10 GHz 以上では屈折率変動の他に降雨による影響が無視できなくなり，降雨による減衰をフェージングの一種に扱うこともある．

## 3.4.2 シンチレーション

シンチレーションによるフェージングは，大気の屈折率が時間的に変動するために伝搬路における電波が発散や収束を起こし，受信電界がそれらの位相干渉により変動を受ける現象である．変動の周期は数秒程度で大変短い．数十km 程度以下の伝搬路では変動幅は比較的小さく数 dB 以下であり，通常の地上通信ではあまり大きな問題とならない．

## 3.4.3 k形フェージング

大気の屈折率分布が時間的に変化するために，3.3.4項で述べた等価地球半径係数 $k$ が変化して生じるフェージングであり，その発生機構によって「**干渉性フェージング**」と「**回折性フェージング**」に分けられる．

干渉性フェージングは，直接波と大地反射波が合成されるときに，等価地球半径が変化するとそれらの通路差も変化し，その結果，合成受信電界が時間的に変動することにより生じる．この種のフェージングは大地反射波が存在すると，ほとんど常時発生するので伝送路への影響が大きい．したがって，この干渉性フェージングを避けるためには，大地反射波を少なくすることが有効であり，反射点に凹凸が大きいところを選んだり，反射点が途中の山などで遮蔽されるような地形を選んだりする．またアンテナの指向性によって反射波の受信レベルを抑えるなどの工夫がなされる．このフェージングは，同じ伝搬路においても周波数によって位相干渉の様子が異なるので，予備の周波数に切り替え

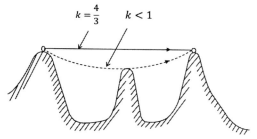

図3.5 k形（回折性）フェージングの原因 [2]

ることで変動を抑えられることもある.

　一方，回折性フェージングは，伝搬路と大地の間隔（クリアランス）が十分でなく，気象状態により地球等価半径係数 $k$ が小さくなるときに，大地による回折損を受けて電波が減衰するために生じる（図3.5）．この種のフェージングは周波数にあまり関係なく時間的にほぼ同じ傾向を示す. $k$ が小さくなるのは地表付近に霧が発生した場合などが多く，電波は数十分以上にわたって長時間継続して影響を受けるので，信号伝送路に与える影響は大きい．この回折性フェージングを避けるためには，クリアランスを十分大きく取る必要があり，$k$ が0.6〜0.7程度まで小さくなった場合にも第1フレネルゾーンの半径以上のクリアランスが確保できるような伝搬路を設ける必要がある.

### 3.4.4　ダクト形フェージング

　クリアランスが十分で反射波が小さい伝搬路では，前述の k 形フェージングはほとんど避けることができるが，このような条件の良い伝搬路においても通常観測される振幅の小さいシンチレーション以外に，特別な気象状態では他

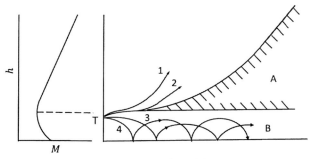

図3.6　ダクト伝搬 [2]

の大きなフェージングが発生することがある．それは図 3.6 に示すように 3.3.3 項で述べた修正屈折指数 $M$ の高度分布が通常の場合と異なり負の傾斜を持つ層が形成された場合である．この種のいわば逆転層は「**ラジオダクト**」あるいは単に「**ダクト**」と呼ばれ，通常とは逆に電波は平面大地で表した地表面に向かって湾曲して進み，地表面での反射を繰り返しながら，いくつかのモード（図 3.6 では 3 と 4 の伝搬路）に分かれて遠方まで伝搬する．なおこの逆転層に対する等価地球半径係数 $k$ は負値を示すことになる．

このようなダクト発生時には，図 3.6 に示すように電波が到達しない「**減衰領域（盲域）**」A と，複数の通路を通ったいくつかの電波が同時に到来して干渉を起こす「**干渉領域**」B が生じる．図 3.6 では地表面に接したダクトを示したが，地表面に接しない上空にダクトが同様に形成されることがある．ダクトの場所と高度は時々刻々変化するため，受信点が減衰領域 A に入ると減衰によるフェージングが発生し，干渉領域 B に入ると干渉性フェージングが発生して受信電界は大きく変動する．

この種のダクト形フェージングは大気の屈折率高度分布の逆転により生じ，大気の夜間冷却などによる水蒸気圧 $e_w$ [hPa] の急変層の発生がその主な原因となる．時間的には夏季の晴天で風の弱い気象条件の時に発生しやすく，雨天や強風時にはこの成層状態がよくかき混ぜられて標準大気の状態に近くなるので発生しにくい．

## 3.5 見通し外伝搬

### 3.5.1 回折波

大地の回折波は，見通し外伝搬において距離の比較的近い場合の受信電界の主成分となり，波長の比較的長い VHF 帯では伝搬距離 100 km 程度まで受信電界に寄与することが多い．ところが回折波に対しても前節で述べた k 形フェージングの効果が大きく現れる．これは，$k$ の値によって回折波が回折する地点が変わり，回折損がそれに応じて変化するためである．一般に地表面付近では $k$ の変化は非常に大きいので，それによるフェージングも大きくなり，変動の大きさは伝搬距離あるいは周波数とともに増大する．

### 3.5.2 対流圏散乱伝搬

　回折波は伝搬距離が長くなると急速に減少し，数百 km 以遠の伝搬距離では理論上極めて弱くなるはずである．しかし実際の受信電界はこのような遠距離でも回折波のみでは説明できない強さの値を有する．図 3.7 は距離に対する受信電界強度の測定例であり，100 km 以遠の受信電界においても球面回折波の傾向のまま減少せず，依然としてかなりの受信電界強度が存在し，距離に対する減衰も穏やかである．

　この種の電波は，対流圏の上空の大気乱流によって発生する屈折率変動が原因となり電波が散乱されるため，遠距離においてもこのように受信されると考えられている．したがって，このような伝搬では，無数の散乱波が受信点に到達することになるので，受信電界はそれらの干渉により数秒程度速い周期で変動する．このためフェージングが激しくまた伝搬損も大きい．この対流圏散乱伝搬による通信を行うためには，大電力の送信機（10 kW 程度）や大口径アンテナ（直径 30 m 程度）が必要となり，しかもダイバーシチ受信も要求される．このため，離島，海峡，砂漠などの途中に中継所が設置困難な場合に限り利用される．

　なお，このような大気乱流散乱はレーダの分野においても早くからその存在が知られており，当初マイクロ波帯のレーダなどでは目に見える明らかな標的（ターゲット）が存在しないにもかかわらず，散乱波がエコーとして観測されるため大変不思議がられて「エンジェルエコー（天使からの反響）」と称されたこともあった．今日では，大気や乱流の状態を遠方からあらかじめレーダで検出する方法として，たとえば航空機などでは大変重要な技術に発展してお

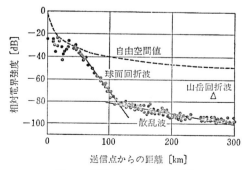

図 3.7　見通し外距離の伝搬 [1]

り，また VHF 帯の大型レーダ（日本では滋賀県甲賀市の信楽 MU レーダー）を用いれば地上から上空数百 km 間での大気の運動を測定可能である．

### 3.5.3 山岳回折伝搬

伝搬路の途中に山岳がある場合，山岳回折を利用することによって受信電界を高めることができる場合がある．この山岳回折波は単一の山岳を利用して大地による球面回折波や上空の対流圏散乱波よりも受信電界を強くできる場合のものであり，図 3.7 の例では対流圏散乱波に対し 20 dB 程度の山岳回折利得が得られている．またフェージングの速さも比較的穏やかであり，数百 km の遠距離伝搬では地理的な条件が整えば実用に供されることがある．

### 3.5.4 ダクト伝搬

ダクト伝搬は 3.4.4 項でも述べたように，特殊な気象状態により修正屈折指数 $M$ の高度分布が逆転したラジオダクトが形成されることによって生じ，図 3.6 で示したように電波はあまり減衰せず遠方まで伝搬する．ダクト伝搬はマイクロ波などの比較的高い周波数で起こりやすい．ダクト発生時には遠距離での受信電界が異常に上昇するが，ダクトは気象状態により時々刻々変化するので，受信電界の平均値が変動を伴うのみならず，トラップされた複数の電波が相互に干渉を起こし，深いフェージングを伴う．したがって，ダクト伝搬では安定な通信は期待できず，伝送の目的では使用されない．

なお，レーダの場合にもダクト伝搬によって通常以上に遠方の目標物が観測されることがある．そもそもダクト伝搬が発見されたのは第 2 次大戦中のレーダ探知による．ただし，これは通信と同様に常に期待される現象ではなく，また図 3.6 で示した減衰領域の目標物は逆に探知されない場合もあり注意を要する．

## 3.6　降雨時の伝搬特性

### 3.6.1 降雨減衰

雨や雪などによる電波の減衰は VHF 帯や UHF 帯ではほとんど問題にならないが，波長が数 cm 程度以下のマイクロ波帯以上の周波数では，非常に重要な問題である．降雨時に空中を落下する雨滴や雪片は一般に「**降水粒子**」と称

されるが，降水粒子にマイクロ波帯あるいはミリ波帯の電波が当たると，電波のエネルギーの一部は降水粒子に吸収され，一部は散乱されるため，降水粒子が存在する領域（雨域）を通過した電波は減衰を受ける．

降雨のよる単位距離あたりの**減衰係数** $\gamma_R$ [dB/km] と**降雨強度** $R$ [mm/h] の間の関係は，近似的に次のように表される [5]．

$$\gamma_R \fallingdotseq \alpha R^\beta \qquad (3.22)$$

ここで，$\alpha$ と $\beta$ は周波数や偏波面などによって決まる定数である．図 3.8 に降雨による減衰係数 $\gamma_R$ を各降雨強度をパラメータとして示す．図 3.8 より，10 GHz 以上では数十 mm/h 程度を超える強い雨の場合，大きな影響を受けることがわかる．また減衰係数は数十 GHz 付近までは周波数とともに急激に増大するが，100 GHz 以上ではほぼ一定となる．この一定値は**光学的限界**（optical limit）とも呼ばれ，光波が雨滴に幾何光学的に散乱された時の減衰量に相当し，もはや周波数に無関係になる．

なお，図 3.8 は雨滴を球形と仮定した場合の理論的計算値であるので，計算結果は偏波面に依存しないが，実際の雨滴では降雨強度が大きくなるにつれて垂直偏波よりも水平偏波の方の減衰が幾分大きくなる．これは降雨強度が大きい場合には，降雨中に含まれる直径の大きな雨滴の割合が大きくなり，直径の大きな雨滴は雨滴内外の圧力や表面張力の影響で扁平となるため，水平偏波に

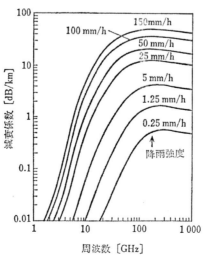

**図 3.8　降雨による電波の減衰係数 [1]**

対する影響の方が大きくなることに起因している．たとえば70 GHz帯で降雨強度が50 mm/h以上まで増加すると，減衰係数は垂直偏波に対し水平偏波の方が10％以上大きくなることが知られている．

ここで，$d$ [km] だけ離れた送受信2点間の降雨減衰 $A$ [dB] は，厳密には式(3.22)を積分することにより，

$$A = \alpha \int_0^d \{R(x)\}^\beta dx \qquad (3.23)$$

で与えられる．ところが伝搬路のすべての地点における降雨強度 $R(x)$ を知ることは現実に不可能であるので，便宜上，2点間で降雨強度は一定であるとして「降雨の一様性」を仮定し，たとえば受信点における降雨強度 $R_r$ で代表して表すことにする．また通常の周波数では $\beta \fallingdotseq 1$ と近似できるので，式(3.23)は，

$$A \cong \alpha R_r d \qquad (3.24)$$

と書くことができる．ただし，実際の降雨では必ず伝搬路上にわたって不均一性が存在し，しかも雨域が伝搬路全体にいつも行きわたっているとは限らない．しかも雨域は刻一刻と変化する．したがって，通常受信点で観測される減衰量 $A$ の時間変化は式(3.24)で受信点の降雨強度 $R_r$ から直接計算される値と必ずしも瞬時値において対応は良くない．また測定値は概して計算値より小さくなる．

そこで，降雨強度と降雨減衰量の測定値どうしの関係は，通常確率分布で表される．すなわち，伝搬路上において，降雨強度がある値を超える確率を $p$ [％] とするとき，その降雨強度の値を $R_p$ [mm/h] とし，また同様に累積確率が $p$ [％] である降雨減衰量を $A_p$ [dB] とすると，両者の等確率値どうしの関係は，

$$A_p \cong \alpha R_p \cdot d \cdot K_p \qquad (3.25)$$

で表される．ここで $K_p$（≦1）は降雨が不均一な場合に対する係数で，各累積時間率分布 $p$ [％]，および伝搬距離 $d$ [km] に対して与えられる．

### 3.6.2 交差偏波識別度

雨滴の直径が大きくなると前項で述べたように形状が扁平になり，回転楕円体に近い形状になる．さらに雨滴は落下する際に風の影響などを受けて傾くことがあり，電波の偏波面に対して複雑な影響を与えるようになる．今，図3.9

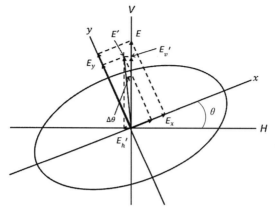

**図 3.9** 傾斜偏平雨滴による交差偏波成分 [2]

に示すような水平軸 $H$ に対して $\theta$ だけ傾斜した扁平雨滴に，電界 $E$ の垂直偏波が入射した場合を考えると，電界 $E$ の雨滴長軸方向（$x$ 軸）成分 $E_x$ は短軸方向（$y$ 軸）成分 $E_y$ より大きな減衰を受け，その結果，雨滴通過後の電界 $E'$ は入射電界 $E$ よりも $\Delta\theta$ だけ偏波面が回転することがわかる．したがって最初に送信した垂直偏波に対し，雨滴によってそれと直交する水平偏波成分が発生したことを意味する．

マイクロ波帯以上の周波数ではアンテナなどの水平・垂直偏波間の分離度をかなり良く（25 dB 以上）することができるので，垂直・水平偏波を独立に用いて別々の情報を送信することが行われることがあるが，このような直交二偏波共用通信によって通信容量の増大を図る場合に，上記の降雨時の雨滴による直交偏波成分の発生は偏波間の干渉の大きな原因となる．ここで，図 3.9 における雨滴通過後の主偏波成分 $E_v'$ と交差偏波成分 $E_h'$ との間の比は「**交差偏波識別度（XPD：cross polarization discrimination）**」と呼ばれ，次式で表される．

$$\mathrm{XPD}=20\log\frac{E_v'}{E_h'}\ [\mathrm{dB}] \tag{3.26}$$

なお，図 3.9 において，実際には上記の減衰の差（差減衰）の他に，垂直・水平間での位相差（差位相）も生じ，雨滴通過後の偏波は一般に楕円偏波となる．また円偏波が雨滴に入射したときは，入射波は 90° 位相が異なる 2 つの直線偏波の合成で表されるから，扁平雨滴が傾いていない場合でも偏波間干渉が

生じ，逆旋の円偏波成分が交差偏波線分として発生する．円偏波の場合に発生する交差偏波成分の大きさは直線偏波ではちょうど雨滴の長軸に対して45°傾いた場合に発生する最大値にほぼ相当し，一般に円偏波の方が直線偏波に比べて交差偏波識別度が低く（悪く）なる．

## ◇参 考 文 献◇

[1] 池上文夫（1985）：応用電波工学，コロナ社．
[2] 榛葉　實，進士昌明（1986）：電波応用工学，オーム社．
[3] 後藤尚久，新井宏之（1992）：電波工学，昭晃堂（2014年に朝倉書店から再発行）．
[4] 渋谷茂一（1961）：マイクロウェーブ伝搬解説，コロナ社．
[5] 進士昌明（1992）：無線通信の電波伝搬，コロナ社．

## ◇演 習 問 題◇

**3.1** 地表面において，気圧を 1000 hPa，水蒸気圧を 10 hPa，気温を 300 K（27℃）とするとき，大気の屈折率と屈折指数を求めよ．

**3.2** 高度 500 m における標準大気の屈折指数と修正屈折指数を求めよ．

**3.3** 修正屈折率 $m$ の高度分布図（図 3.3 (b) 参照）の傾きは，地球の等価半径に相当することを示せ．

**3.4** 周波数が 20 GHz のときの減衰係数 $\gamma_R$ の係数はそれぞれ $\alpha = 0.072$，$\beta = 1.08$ という値で与えられる．降雨が一様であると仮定して通路長が 5 km の場合の降雨減衰の値を，降雨強度が 10 mm/h と 50 mm/h の場合について求めよ．

# 4 移 動 伝 搬

　2 章で電離層，3 章で対流圏での電波伝搬の特徴を説明したが，4 章では高度が地表に近い地上伝搬について説明する．また，地上波の中でも近距離を対象にするので地表波を含まない．さらに送受信局が固定ではなく移動する場合を対象にする．これは無線通信システムの固定通信，衛星通信，移動通信の区分で分けたときの移動伝搬に該当する．移動通信の代表例としては携帯電話システムがある．移動伝搬で特徴的な信号強度変動や伝搬損失特性，多重波伝搬特性について説明する．

## 4.1　信号強度変動

　移動局が移動することによって受信される電波の信号強度は変動する．この変動の特性は長区間変動，短区間変動，瞬時変動の 3 つに分けられる．図 4.1 にこれらの受信レベル変動の様子を示す．

### 4.1.1　長区間変動（距離特性）
　長区間変動は送受信間距離に対する受信レベルの変動であり距離特性とも言われる．図 4.1(a) に距離特性のグラフを示す．図のイラストは移動局が基地局から離れることで受信電力が小さくなることを示している．市街地や郊外地では一般的に距離に対して次式のように受信電力 $P_r$ が減少する．

$$P_r = \alpha \log d + C \,[\text{dB}] \tag{4.1}$$

ここで，$\alpha$ は距離に対する係数で $-30 \sim -40$ の値である．これは送受信間距離が 10 倍になると受信レベルが $30 \sim 40\,\text{dB}$ 下がることを示している．真値の受信電力で考えると距離の 3 乗〜4 乗（$1/d^3 \sim 1/d^4$）で減衰する．図 4.1(a) のグラフからわかるように，近い距離では一定距離に対する受信レベルの減衰が大きく，遠方になると減衰は小さくなる．送受信間距離に対する受信レベルの変化は dB 値で表すと，自由空間損失では $-20 \log d$ で，地面反射二波モデルの遠方では $-40 \log d$ である．実際の市街地での距離係数はこれらの間の値になっている．自由空間損失分の距離係数は $-20$ であるため，距離係数の

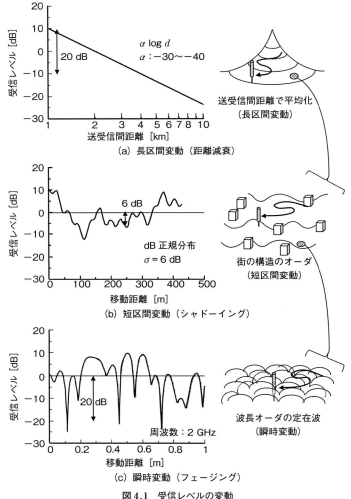

(a) 長区間変動（距離減衰）

(b) 短区間変動（シャドーイング）

(c) 瞬時変動（フェージング）

**図 4.1** 受信レベルの変動

−10〜−20 に相当する部分が街中の建物などで生じる損失である．送受信間距離による減衰は主に電波が市街地の建物上空を伝搬するときに建物によってフレネルゾーンが遮蔽されることで生じる．図 4.2 に電波のフレネルゾーンが建物による遮蔽を受けている様子を示す．中央の十字印に受信点があり，見ているこちら側が送信点である．円は送受信間の各地点のフレネルゾーンであり，このフレネルゾーンの下部がビルによって遮蔽されて減衰が生じることを

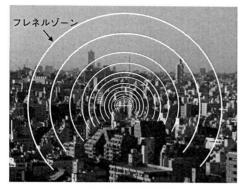

図4.2 長区間変動の要因

図4.3 短区間変動の要因

示している.

## 4.1.2 短区間変動（シャドーイング）

送受信間距離が同じでも送受信間にある建物の高さや移動局周辺の状況の違いによって受信レベルは異なる．場所ごとに受信レベルが異なることを短区間変動という．移動局周辺の状況とは，移動局の近くのビルの高さや移動局のある道路の幅，基地局方向に対する道路方向，さらに交差点上であるかどうかである．たとえば，基地局方向と道路方向が同じである縦コースの道路と，これに直交する横コースの道路上での受信レベルの差は 6 dB 程度である．図 4.1 (b) に短区間変動のグラフを示す．これは 10 m 区間ごとの受信レベルの中央値の変動を示している．また，図のイラストは送受信間距離が同じエリアを移動する様子を示している．短区間変動の周期は建物の幅や街区の長さなど市街地の構造に起因する長さである．短区間変動が生じる要因をイメージできるように，図 4.3 に道路に到来する電波の様子を示す．道路上には道路に沿って到来する電波やビルに遮蔽されてビルの隙間から入り込む電波が届く．移動局がこのような道路を移動することで受信レベルが変動する．また，短区間変動はビル遮蔽という意味でシャドーイングとも呼ばれる．短区間変動の分布は dB 値の正規分布で近似でき，その標準偏差は 6 dB 程度である．

### 4.1.3 瞬時変動（フェージング）

#### a 2波の受信レベル変動

　移動局が複数の到来波を受信しながら波長程度の距離を移動すると，複数の到来波の干渉によって受信レベル変動が生じる．これは瞬時変動またはフェージングと呼ばれる．図4.1(c)に受信レベルの瞬時変動を示す．波長程度の移動で受信レベルが激しく変動する．長区間変動と瞬時変動のグラフに例として20 dB幅の線を示す．長区間変動で20 dBの差が生じるのは送受信間距離が3〜4倍になる場合であるが，瞬時変動では波長程度の距離で生じる．図のイラストは電波の定在波分布の中を移動局が移動することで瞬時変動が生じることを示している．

　図4.4と図4.5で2波の到来波によって瞬時変動が生じる様子を示す．図4.4の上段は受信点と到来波を上から見た場合で，下段のグラフは2つの受信波の位相の関係を示している．このグラフのIは同相成分を，Qは直交成分を表す．移動前では2波（$w_1$, $w_2$）の位相差は小さい．このときは互いに強め合うので2波を合成した受信電圧は大きくなる．ユーザが距離$d$移動することで波$w_1$の伝搬路長は短くなる．これにより波$w_1$の受信点での位相は遅れる．逆に波$w_2$の伝搬路長は長くなるために受信点での位相は進む．この結果，2波の位相が逆相に近くなり受信電圧は小さくなる．受信点がさらに移動することで2波を合成した受信電圧は変動を繰り返す．図4.5に受信点の進行方向に対して正面と後方から2波が到来するときの受信電圧の変動を示す．2波の振幅が同じであれば受信電圧は0から2倍の間で変動する．また，変動の

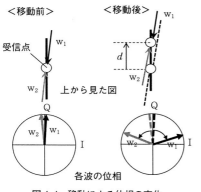

図4.4　移動による位相の変化

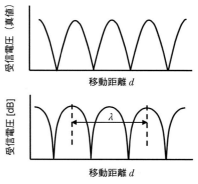

図4.5　移動による包絡線電圧の変動

周期は $\lambda/2$ であり，1 波長の距離で受信電圧が 2 回落ち込む．この 2 波の受信電圧 $e(t, d)$ は実数で次のように表される．

$$e(t, d) = \cos\left(\omega t - \frac{2\pi d}{\lambda} + \theta_1\right) + \cos\left(\omega t + \frac{2\pi d}{\lambda} + \theta_2\right)$$

$$= \cos(\omega t - kd + \theta_1) + \cos(\omega t + kd + \theta_2)$$

$$= 2\cos\left(-kd + \frac{\theta_1 - \theta_2}{2}\right) \cdot \cos\left(\omega t + \frac{\theta_1 + \theta_2}{2}\right) \qquad (4.2)$$

ここで，$\omega$ は角周波数，$\lambda$ は波長，$\theta_1$ と $\theta_2$ は各波の $d=0$ での位相であり，$k$ は波数（$k = 2\pi/\lambda$）である．上式で前の cos 関数は時間 $t$ に関係なく距離 $d$ による変化を表して，後ろの cos 関数は時間による変化を表している．前の部分は振幅の変化を表しており，受信電圧の包絡線に相当する．複素数での**包絡線電圧**を $\nu(d)$ とすれば，$\nu(d)$ は次の通りである．

$$\nu(d) = 2\cos\left(-kd + \frac{\theta_1 - \theta_2}{2}\right) \cdot \exp\frac{j(\theta_1 + \theta_2)}{2} \qquad (4.3)$$

上式から距離 $d$ に対する $|\nu(d)|$ の変動周期は $\lambda/2$ である．図 4.6 に 2 波での受信電圧を示す．図 4.6(a) は受信点の移動速度が一定であると仮定して横軸を時間で表している．搬送波周波数による電圧の変化は移動による変化に比べ

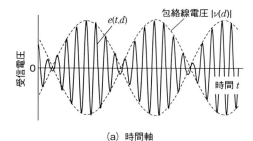

(a) 時間軸

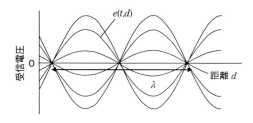

(b) 距離軸

図 4.6　2 波での受信電圧

てもっと激しいが図 4.6 では誇張して描いている．図 4.6(b)は横軸を移動距離で表している．複数の波は異なる時間の受信電圧を表している．

### b レイリー変動

瞬時変動が生じる原因を理解しやすいように受信点に届く波を 2 波で説明した．しかし，実際の環境では多数の波が届くので，この場合の受信レベルの変動を考える．電波の数が多くなるので数式が複雑になるが，基本的な考え方は先の 2 波の場合と同じである．図 4.7 に多数の到来波を受信する受信点が移動する様子を示す．$i$ 番目の到来波の受信電圧を $e_i(t, d)$ として，進行方向に対する到来角度を $\varphi_i$ としたときの受信電圧 $e_i(t, d)$ は実数で次式となる．

$$e_i(t, d) = R_i \cos\{\omega t + \theta(d) + \theta_i\} = \mathrm{Re}[R_i \mathrm{e}^{j\omega t} \mathrm{e}^{j(\theta(d)+\theta_i)}] \qquad (4.4)$$

ここで，$R_i$ は振幅，$\omega$ は搬送波の角周波数，$d$ は基準点からの移動距離，$\theta(d)$ は移動距離 $d$ による位相の変化，$\theta_i$ は $d=0$ での位相である．また，到来角度 $\varphi_i$ は移動によって変化しないと仮定する．$i$ 番目の到来波の受信電圧から搬送周波数を除いて複素数で表した包絡線電圧 $\nu_i$ は次式となる．

$$\nu_i(d) = R_i \mathrm{e}^{j(\theta(d)+\theta_i)} \qquad (4.5)$$

また，$\theta(d)$ は次式で表せる．

$$\theta(d) = -kd \cos \varphi_i \qquad (4.6)$$

到来波が $N$ 波あれば全受信電圧 $e(t, d)$ は次式となる．

$$e(t, d) = \sum_{i=1}^{N} e_i(t, d) \qquad (4.7)$$

$e(t, d)$ の複素包絡線電圧 $\nu(d)$ は次式である．

$$\nu(d) = \sum_{i=1}^{N} \nu_i(d) = \sum_{i=1}^{N} R_i \exp\{j(-kd \cos \varphi_i + \theta_i)\} \qquad (4.8)$$

図 4.8 に受信電圧 $e(t, d)$ の波形を，図 4.9 に複素包絡線電圧 $\nu(d)$ の絶対値と位相の波形を示す．各波の包絡線電圧 $\nu_i(d)$ は複素数なので，I 成分と Q 成

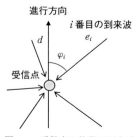

**図 4.7 受信点の移動と到来波**

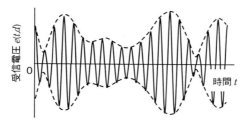

図 4.8 受信電圧 $e(t, d)$ の波形

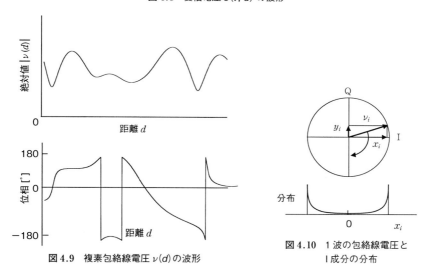

図 4.9 複素包絡線電圧 $\nu(d)$ の波形

図 4.10 1波の包絡線電圧と I 成分の分布

分に分ける．図 4.10 に $\nu_i$ を $x_i$ と $y_i$ に分ける様子を示す．$\nu_i(d)$ と $\nu(d)$ は次式となる．

$$\nu_i(d) = x_i(d) + jy_i(d) \tag{4.9}$$

$$\nu(d) = \sum_{i=1}^{N} x_i(d) + jy_i(d) = x(d) + jy(d) \tag{4.10}$$

$\nu_i(d)$ は移動とともに一定速度で回転するので，その I 成分の $x_i(d)$ は cos 関数で変動する．$x_i(d)$ の分布を図 4.10 に示す．他の $x_i$ も同様の分布になり，$x(d)$ はこれら $x_i$ の総和である．中心極限定理によれば，複数の分布があり各分布からランダムにとった値を足して作った分布は正規分布になる．このため，$x_i$ の総和である $x(d)$ の分布は正規分布になる．$y(d)$ も同じ正規分布になり，$x(d)$ と $y(d)$ は互いに独立である．このため，$x = x(d)$ と $y = y(d)$ の結合確率密度関数 $p(x, y)$ は次式で表される．

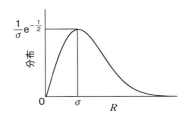 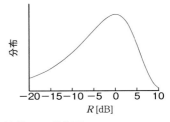

**図4.11** レイリー分布（真値と dB 値表示）

$$p(x, y) = \frac{1}{2\pi\sigma^2} \exp\left(-\frac{x^2+y^2}{2\sigma^2}\right) \tag{4.11}$$

ここで，$\sigma^2$ は $x$ や $y$ の分散である．I, Q 成分の $x$, $y$ と振幅 $R$ や位相 $\theta$ とは次の関係があるので変数の変換を行う．

$$x(d) = R(d) \cos \theta(d) \tag{4.12}$$

$$y(d) = R(d) \sin \theta(d) \tag{4.13}$$

これより，$R=R(d)$ と $\theta=\theta(d)$ の結合確率密度関数 $p(x, y)$ は，ヤコビアンの $R$ を掛けて，

$$p(R, \theta) = \frac{R}{2\pi\sigma^2} \exp\left(-\frac{R^2}{2\sigma^2}\right) \tag{4.14}$$

となる．また上式は $\theta$ に依存しないので，$\theta$ で積分すると，

$$p(R) = \frac{R}{\sigma^2} \exp\left(-\frac{R^2}{2\sigma^2}\right) \tag{4.15}$$

が得られる．この式は**レイリー分布**として知られている．ここで，分散 $\sigma^2$ は次式で表せる．

$$\sigma^2 = \sum_{i=1}^{N} \frac{x_i^2}{N} = \sum_{i=1}^{N} \frac{y_i^2}{N} \tag{4.16}$$

また，平均電力は次の通りである．

$$\sum_{i=1}^{N} \frac{x_i^2+y_i^2}{N} = 2\sigma^2 \tag{4.17}$$

図4.11に式(4.15)のレイリー分布を示す．左図は振幅 $R$ を真値，右図は dB 値で表している．

### c 仲上-ライス分布

上記のレイリー変動は各波の振幅が同程度の場合であった．基地局がビル屋上に設置されて移動局が路上やビル内にあるときは，ほとんどの場合で送受信間に見通しがない．見通しがないときは移動局に振幅が同じくらいの波が届く

のでレイリー変動が生じる．逆に，見通しがあるときは振幅の大きい直接波が
受信されるので受信レベル変動の様子が変わる．基地局が広場や室内に設置さ
れる環境では見通しになる場合がある．送受信間に見通しがあるときの受信レ
ベル変動の分布は**仲上–ライス分布**と呼ばれる．

　図 4.12 に受信レベルの分布がレイリー分布と仲上–ライス分布となる計算例
を示す．受信点への到来波の数は 5 つで，各波の到来角度と初期位相をランダ
ムにして，周波数を 1 GHz とした．レイリー変動は 5 つの振幅がすべて 1 の
場合，仲上–ライス変動は 1 つの波の振幅を 5 にして他の波は 1 の場合の計算
例である．受信レベルの中央値を 0 dB として示している．振幅の大きい波が
加わることで受信レベルの変動が小さくなる．仲上–ライス分布は次式で表さ
れる．

$$p(R) = \frac{R}{\sigma^2} \exp\left(-\frac{a^2+R^2}{2\sigma^2}\right) \cdot \mathrm{I}_0\left(\frac{aR}{\sigma^2}\right) \tag{4.18}$$

ここで，$R$ は受信振幅，$a$ は直接波などの定常波の振幅，$\sigma^2$ は定常波以外の散
乱波の振幅の分散である．定常波の平均電力は $a^2$，散乱波の平均電力は $2\sigma^2$ で
ある．また，$\mathrm{I}_0$ は 0 次の**変形ベッセル関数**で次式で表される．

$$\mathrm{I}_0\left(\frac{aR}{\sigma^2}\right) = \int_0^{2\pi} \exp\left(\frac{aR}{\sigma^2}\cos\theta\right)d\theta \tag{4.19}$$

また，散乱波電力に対する定常波電力の比は**ライス係数（K ファクタ）**と呼ば
れ次式で表される．

$$K = \frac{a^2}{2\sigma^2} \tag{4.20}$$

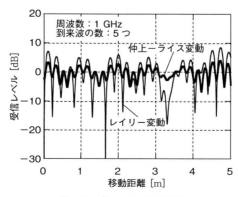

**図 4.12　仲上–ライスの変動**

# 4.2 伝 搬 損 失

電波伝搬特性の中で伝搬損失は通信できる距離に直接関係するので無線回線を設計する上で特に重要である．また，伝搬特性は伝搬環境によって異なるので伝搬環境ごとの検討が行われてきた．伝搬損失の特性は推定式として集約されているので，これまでに提案されてきた推定式を示してその特性を説明する．ここで示す推定式は国際標準化などでも取り上げられており世界的に使われている．

### 4.2.1 市街地（距離特性，基地局高特性，周波数特性）

伝搬損失は送受信間距離や基地局高，周波数に依存するので，推定式にはこれらのパラメータが用いられている．また，パラメータを $x_1, x_2, \cdots$ としたときに dB 値の伝搬損失は次式のように対数の和で近似できる場合が多い．

$$L = \alpha_1 \log x_1 + \alpha_2 \log x_2 + \cdots + C \, [\text{dB}] \qquad (4.21)$$

ここで，$\alpha_1, \alpha_2$ はパラメータの係数であり，$C$ はパラメータに依存しない定数である．

#### a 奥村-秦式

1960 年代に関東平野とその近郊の丘陵地や山岳地において $450\sim2000\,\text{MHz}$ の 4 周波数を用いた伝搬実験が行われた．その測定結果は市街地や郊外地，開放地に分けられて電界強度の距離や周波数，基地局高，移動局高の特性としてまとめられた．また，丘陵地，山岳地，傾斜地形，その他の特殊地形での補正方法が示された．さらに，周波数 $150\sim2000\,\text{MHz}$，基地局アンテナ高 $30\sim1000\,\text{m}$，距離 $1\sim100\,\text{km}$ の範囲の推定方法とその図表がまとめられた．これらの結果が**奥村カーブ**または奥村モデルと呼ばれている．この奥村カーブの中の準平滑地形の伝搬損失を対象にした近似式が提案されており，これは奥村-秦式と呼ばれている．**奥村-秦式**の市街地での伝搬損失 $L$ は次式で示される．

$$L = 69.55 + 26.16 \log f - 13.82 \log h_b - a(h_m)$$
$$+ (44.9 - 6.55 \log h_b) \cdot \log d \, [\text{dB}] \qquad (4.22)$$

ここで，$a(h_m)$ は移動局高特性で，中小都市と大都市の $a(h_m)$ は次式の通りである．

$$a(h_m) = (1.1 \log f - 0.7) \cdot h_m - (1.56 \log f - 0.8) \qquad \text{（中小都市）}$$

$$a(h_m)=8.29\,\{\log(1.54h_m)\}^2-1.1 \quad (f \leq 400\,\mathrm{MHz}) \quad (\text{大都市})$$
(4.24)

$$a(h_m)=3.2\,\{\log(11.75h_m)\}^2-4.97 \quad (f>400\,\mathrm{MHz}) \quad (\text{大都市})$$
(4.25)

移動局高 $h_m$ は車の屋根や人の耳の高さを想定して 1.5 m とする場合が多い.
$a(h_m)$ は移動局高 1.5 m を基準にしており,すべての場合で $a(1.5\,\mathrm{m})=0$ で
ある.つまり,移動局高特性で中小都市と大都市の違いを示しているが $h_m=$
1.5 m のときは差がない.各パラメータの意味と適用範囲は次の通りである.

$f$：周波数 [MHz]　　　　[150〜1500 MHz]
$h_b$：基地局高 [m]　　　　[30〜200 m]
$d$：送受信間距離 [km]　[1〜20 km]
$h_m$：移動局高 [m]　　　　[1〜10 m]

一例として,図 4.13 に式(4.22)を用いて周波数が 900 MHz と 1500 MHz で
基地局高が 30 m と 100 m のときの計算結果を示す.

　伝搬損失に影響するパラメータとして平均ビル高や道路幅などもあるが,パ
ラメータ値が一意に決まるのは式(4.22)のパラメータだけである.このため,
これらのパラメータは他の推定式でもよく用いられる.パラメータの範囲を限
定して求めた各特性は次の通りである.

距離特性　　　　$\alpha_d \log d$　　$\alpha_d=32\sim35$　　　　$(h_b=30\sim100\,\mathrm{m})$
基地局高特性　$\alpha_h \log h_b$　$\alpha_h=-14\sim-22$　　$(d=1\sim20\,\mathrm{km})$

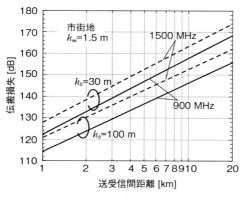

図 4.13　奥村-秦式の伝搬損失の例

周波数特性　　$\alpha_f \log f$　　$\alpha_f = 26$

式(4.22)は都市の場合であるが，都市と住宅地の伝搬損失にはあまり差がないので，住宅地での推定に式(4.22)を用いても誤差は小さい．都市は住宅地に比べて建物高は高いが，逆に道路幅が広いため伝搬損失にあまり差が生じないと考えられる．奥村-秦式の推定精度を短区間中央値で評価すると誤差の標準偏差は6 dB程度である．短区間中央値の変動が標準偏差で6 dB程度あることを考えると誤差は6 dB以下にならない．

### b　池上モデル

先の奥村-秦式は伝搬測定に基づいた実験式である．これに対して次に説明する池上モデルと多重スクリーン回折モデルは伝搬メカニズムから出発する物理モデルである．

都市のビルの谷間にある移動局に到達する波は，ビルの屋上を回折して直接届く波と回折した後にビル反射して届く波の2波と考える．この2波の合成で受信レベルを求めるのが池上モデルである．ビルの谷間の横断歩道上に定在波ができていることから考えられたモデルである．図4.14に池上モデルを示す．ビル回折波とビル回折＋ビル反射波の受信電圧をそれぞれ$E_1$, $E_2$とすると，これらはナイフエッジ回折損失を用いて次式となる．

$$E_1 \cong \frac{0.225}{\sqrt{2}} E_0 \frac{\sqrt{\lambda w}}{(h_0 - h_m)\sqrt{\sin \varphi}} \qquad (4.26)$$

$$E_2 \cong \frac{0.225}{\sqrt{2}} E_0 \frac{\sqrt{\lambda(2W - w)}}{\Gamma_{bulg}(h_0 - h_m)\sqrt{\sin \varphi}} \qquad (4.27)$$

ここで，$E_0$は自由空間損失で決まる受信電圧，$h_0$はビル高，$h_m$は移動局高，$W$は道路幅，$w$はビルから移動局までの距離，$\varphi$は道路方向に対する入射角度，$\Gamma_{bulg}$はビル反射損失である．この2波の$E_1$と$E_2$の2乗和を受信電力とする．また$w = W/2$とすれば，このときの伝搬損失$L$は自由空間損失を$L_0$

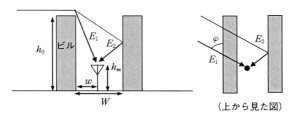

**図4.14　池上モデル**

として次式となる.

$$L=L_0-5.8+10\log\left(1+\frac{3}{\Gamma_{bulg}}\right)+10\log W$$
$$-20\log(h_0-h_m)-10\log(\sin\varphi)-10\log f \text{ [dB]} \quad (4.28)$$

ここで,$W$,$h_0$,$h_m$ の単位は [m] で,$f$ は [MHz] である.上式では基地局からビル回折までは自由空間損失を仮定している.

### c 多重スクリーン回折モデル

都市の伝搬損失を求めるために都市のビル群を平板に置き換えて,平板を横に複数並べた環境(多重スクリーン)を想定したのが多重スクリーン回折モデルである.図 4.15 に多重スクリーンの様子を示す.複雑な都市の構造を平板で置き換えたモデルだが,これにより従来明らかでなかった距離特性や周波数特性のメカニズムを説明できるようになった.しかし,このモデルではパラメータである平均ビル高やビル間隔を実際の市街地から求める方法が明確ではない.当初,多重スクリーン回折モデルはウォルフィッシュによって提案され,基地局高が平均ビル高より高い場合の推定式として提案された.シャーはこれを拡張して基地局高が平均ビル高より高い場合に加えて,基地局高が平均ビル高と同等の場合と基地局高が平均ビル高より低い場合の 3 つの伝搬損失の式を示している.図 4.16 にモデルで使われるパラメータの記号を示す.表 4.1 に記号の内容を示す.多重スクリーン回折モデルでは伝搬損失 $L$ を自由空間損失 $L_0$ と道路際ビル回折損失 $L_d$ と多重スクリーン回折損失 $L_m$ の和で表す.伝搬損失は dB 値で次式である.

$$L=L_0+L_d+L_m \text{ [dB]} \quad (4.29)$$

また,$L_0$ と $L_d$ は次式である.

$$L_0=-10\log\left(\frac{\lambda}{4\pi d}\right)^2 \quad (4.30)$$

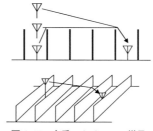

図 4.15 多重スクリーンの様子

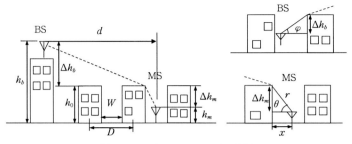

**図 4.16 モデルのパラメータの記号**

**表 4.1 記号の内容**

| 記号 | 内容 |
|---|---|
| $d$ | 送受信間距離 |
| $h_b$ | 基地局高 |
| $h_0$ | 平均ビル高 |
| $h_m$ | 移動局高 |
| $\Delta h_b$ | $h_b - h_0$ |
| $\Delta h_m$ | $h_0 - h_m$ |
| $D$ | ビル間隔 |
| $W$ | 道路幅 |
| $\varphi, \theta$ | 仰角(基地局,移動局) |
| $x$ | ビルから移動局 |
| $r$ | 回折点からの距離 |

$$L_d = -10 \log\left\{\frac{\lambda}{2\pi^2 r}\left(\frac{1}{\theta} - \frac{1}{2\pi+\theta}\right)^2\right\} \qquad (4.31)$$

上式の回折損失の式はナイフエッジ回折損失とほぼ同じである.また,角度 $\theta$ の単位はラジアンである.角度 $\theta$ と距離 $r$ は次式で求められる.

$$\theta = \tan^{-1}\left(\frac{\Delta h_m}{x}\right) \qquad (4.32)$$

$$r = \sqrt{\Delta h_m{}^2 + x^2} \qquad (4.33)$$

$L_m$ は基地局高によって異なり,次式で示される.

・基地局高が周辺ビル高と同等の場合

$$L_m = -10 \log\left(\frac{D}{d}\right)^2 \qquad (4.34)$$

・基地局高が周辺ビル高より高い場合

$$L_m = -10 \log\left\{2.35^2 \cdot \left(\frac{\Delta h_b}{d}\sqrt{\frac{D}{\lambda}}\right)^{1.8}\right\} \tag{4.35}$$

・基地局高が周辺ビル高より低い場合

$$L_m = -10 \log\left[\left\{\frac{D}{2\pi(d-D)}\right\}^2 \frac{\lambda}{\sqrt{\Delta h_b{}^2 + D^2}} \cdot \left(\frac{1}{\varphi} - \frac{1}{2\pi + \varphi}\right)^2\right] \tag{4.36}$$

式(4.34)～式(4.36)は理論式ではなくシミュレーションから求められている。式(4.36)の $\varphi$ は基地局側の仰角である。また，基地局高が周辺ビル高と同等の場合と低い場合には式(4.30)の自由空間損失から 3 dB を引く。これはシャーが基地局の周辺ビルで発生する散乱によって伝搬損失が 3 dB 減少すると考えたためである。送受信間距離 $d$，周波数 $f$，基地局高 $h_b$ に着目してそれぞれの特性がわかるように表現したのが次式である。

$$L = 40 \log d + 30 \log f + C_1 \qquad (h_b = h_0) \tag{4.37}$$
$$L = 38 \log d - 18 \log(\Delta h_b) + 21 \log f + C_2 \quad (h_b > h_0) \tag{4.38}$$
$$L = 40 \log d + 40 \log f + C_3 \qquad (h_b < h_0) \tag{4.39}$$

ここで，$C_1 \sim C_3$ は定数である。

　図 4.17 に示すように基地局と移動局の高さが平均ビル高と同じ場合の距離特性を考える。送受信間距離 $d$ をビル間隔 $D$ の $n$ 倍と考えれば，多重スクリーン回折損失は次式で表される。

$$L_m = -10 \log\left(\frac{D}{d}\right)^2 = -10 \log\left(\frac{D}{nD}\right)^2 = 20 \log n \tag{4.40}$$

上式で $n=1$ とは $d=D$ の場合で移動局が図 4.17 の破線の位置にある。$n$ が増加するに従って 2 乗で損失が増える。自由空間損失も加えると距離の 4 乗で損失が増える。従来から市街地での伝搬損失は距離の 3～4 乗で増加することが明らかになっていたが，このメカニズムを説明できるモデルがほとんどなかった。

　伝搬損失の周波数特性は $\alpha_f \log f$ の式で表され，市街地の周波数係数 $\alpha_f$ は 20 程度である。自由空間損失の周波数係数は 20 であり，ビル回折損失では約 10 であり，2 つの和は約 30 になる。このための市街地の周波数係数が 20 程度であることを説明できなかった。多重スクリーン回折モデルでは図 4.18 に示すように，ビル上空での見通しのある回折では周波数係数が $-9$ になり，ビル回折するときの周波数係数が 10 になる。自由空間損失の周波数係数 20 も加えて式(4.38)のように 21 になることが示された。これにより周波数特性のメカ

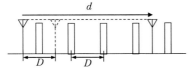

図 4.17 基地局高と移動局高が
平均ビル高の場合

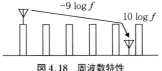

図 4.18 周波数特性

ニズムも示すことができた．なお，ビル上空で周波数係数がマイナスの値になるのは，周波数が高いほどフレネルゾーンが小さくなりビル遮蔽による回折損失が小さくなるためである．

　基地局高が平均ビル高より高い場合の周波数係数はこのモデルによって説明できた．ただし，基地局高が平均ビル高と同じ場合や低い場合の周波数係数は実際と合わない．式(4.37)と式(4.39)から周波数係数は 30 と 40 となるが，実際の測定では 20 に近い値になる．これは，このモデルが市街地の構造を平板で簡易化しているために，道路の縦コースやビルの隙間の影響が反映されないためであると考えられる．

### 4.2.2　屋内，建物侵入損失

#### a　屋　内

　送受信とも同じ建物内にあるときの伝搬損失に関して，国際電気通信連合の無線通信を担当する ITU-R では勧告 P.1238-2 として次の推定式を提案している．

$$L = 20 \log f + \alpha_d \log d + L_F \cdot n - 28 \qquad (4.41)$$

ここで，$L$ は伝搬損失，$f$ は周波数 [MHz]，$\alpha_d$ は距離係数，$d$ は送受信間距離 [m]，$L_F$ はフロア透過損失 [dB]，$n$ は送受信間のフロア数（$n \geq 1$）である．$\alpha_d$ の値は場所（住宅，オフィス，商業建物）ごとに示されており，広いオープンな環境では 20 程度，オフィスでは 30 程度である．$L_F$ の値は 9〜16 程度である．周波数 $f$ の適用範囲は 900 MHz〜100 GHz である．周波数特性の傾きは式(4.41)に示されるように自由空間損失の場合と同じ20である．

#### b　建物侵入損失

　移動通信では移動局が屋外だけでなく屋内にいる場合の伝搬損失も必要になる．このために，屋外から屋内への建物侵入損失の推定が必要である．欧州科学技術研究協力機構（COST）から COST231 モデルとして次の建物侵入損失

の推定式が提案されている．これは基地局アンテナは平均ビル高より高く，移動局がビル内にいる場合である．図4.19に対象とする環境を示す．COST231モデルは次式で表される．

$$L_{in} = L_{out} + W_e + W_{ge} + \max(\Gamma_1, \Gamma_3) - G_{FH}$$

$$\Gamma_1 = W_i \cdot p, \quad \Gamma_3 = \alpha \cdot d, \quad G_{FH} = n \cdot G_n \text{ or } h \cdot G_h \tag{4.42}$$

各パラメータの意味と適用範囲は次の通りである．

$L_{in}$ ：基地局と屋内の移動局間の伝搬損失

$L_{out}$ ：基地局と屋外の基準点間の伝搬損失

$f$ ：周波数 900〜1800 MHz

$W_e$ ：外壁侵入損失（固定値） 4〜10 dB（標準的な窓サイズ7 dB，木造で4 dB）

$W_{ge}$ ：外壁侵入損失（角度特性） 3〜5 dB（900 MHz），5〜7 dB（1800 MHz）

$W_i$ ：内壁侵入損失 4〜10 dB（コンクリートが7 dB，木造と漆喰が4 dB）

$p$ ：内部壁の数

$\alpha$ ：建物内の減衰係数 0.6 dB/m

$d$ ：建物内の侵入距離 [m]

$G_n$ ：フロア高特性 1.2〜2 dB/Floor（1階の高さが4 m 以下）
4〜7 dB/Floor（1階の高さが4〜5 m）

$G_h$ ：フロア高特性 1.1〜1.6 dB/m（1階の高さが4〜5 m）

$n$ ：フロア数（1階は$n=0$）

$h$ ：フロア高 [m]

ここで，$\max(\Gamma_1, \Gamma_3)$ は $\Gamma_1$ と $\Gamma_3$ とで値の大きい方を選択することを意味す

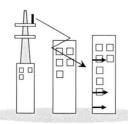

図4.19　建物侵入損失で対象とする環境

る．また，$L_{out}$ の屋外の基準点とは移動局のいるビルの周りの道路のことである．$L_{out}$ はビルの周りの道路で高さ 1.5 m で測定した伝搬損失の平均値である．

## 4.3 多重波伝搬

移動通信では送信された電波が市街地のビルなどに反射，回折，散乱されて多数の波に分かれて受信される．これは送受信間に複数の伝搬路ができることを示しており，ここでの伝搬を**多重波伝搬**という．ここでは，多重波伝搬として伝搬遅延と到来波広がりについて説明する．

### 4.3.1 伝搬遅延

#### a 遅延プロファイルと遅延スプレッド

送信された電波が市街地のビルなどによって多重波となり，時間的に遅れた電波が受信点に次々に到来してくることを**伝搬遅延**という．各波の伝搬路長に応じて各波が受信点に届く時間は異なる．伝搬遅延が発生すると受信点では後に送信された信号と先に送信されて時間的に遅れた信号とが重なりシンボル間干渉を起こして信号誤りが生じる．このようなときは伝搬遅延の大きさによって通信品質が決まり伝送速度が制限される．また逆に，遅れて受信された信号を他の信号と分離して，同じ信号どうしで合成できると受信電力を上げることができる．いずれにしても通信品質のために伝搬遅延特性の把握は重要である．図 4.20 に都市内での伝搬遅延の様子を示す．都市内では主に高いビルによって伝搬遅延が発生する．伝搬遅延は電波を音にたとえるとエコー（反響）に相当する．エコーの大きさは音が反響する空間の広さで変わる．たとえば，風呂場のように狭い空間では鼻歌に適したエコーになるが，デパートや展示場といった広い室内では室内の反響で館内放送を聞き取るのが困難になる．また，屋外のスピーカによる防災放送も山やビルの反射によって聞き取るのが困難になる．伝搬遅延も反響する空間の広さに比例する．

伝搬遅延の特性を表すパラメータに**遅延プロファイル**と**遅延スプレッド**がある．遅延プロファイルは図 4.21 に示すように時間的に遅れて到来する電波の受信電力を表したものである．縦軸は受信電力で横軸は相対的な遅延時間を表す．遅延スプレッドは遅延プロファイルの時間的な広がりを表し，遅延プロファイルを確率分布として見立てた場合の標準偏差（2 次モーメント）に相当す

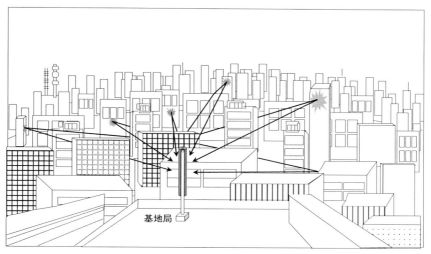

**図 4.20　都市内での伝搬遅延の様子**

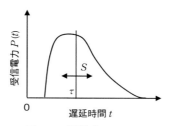

**図 4.21　遅延プロファイル**

る．遅延プロファイルを $P(t)$ とすれば遅延スプレッド $S$ は次式で表される．

$$S = \sqrt{\frac{\int_0^\infty P(t) \cdot (t-\tau)^2 dt}{\int_0^\infty P(t)\,dt}} \tag{4.43}$$

ここで，$P(t)$ は真値であり，$t$ は遅延時間，$\tau$ は平均遅延である．$\tau$ は次式で表される．

$$\tau = \frac{\int_0^\infty P(t) \cdot t\,dt}{\int_0^\infty P(t)\,dt} \tag{4.44}$$

### b　変動特性

4.1 節で説明したように受信レベルの変動特性は長区間変動，短区間変動お

よび瞬時変動に分類される．長区間変動は送受信間距離に依存する変動，短区間変動はビルなどのシャドーイングによる変動，瞬時変動は定在波による波長オーダでの変動であった．伝搬遅延特性も受信レベルと同様の分類が可能である．図 4.22 に遅延プロファイルの分類を示す．

　測定で得られる 1 枚ごとの遅延プロファイル（スナップショット）を短区間で平均したものが短区間遅延プロファイルであり，短区間遅延プロファイルを送受信間距離ごとに平均したものが長区間遅延プロファイルである．瞬時変動の周期は波長程度なので，瞬時変動を表すスナップショットは波長より短い間隔で測定される．短区間変動はビルの幅程度の周期で変動するため，短区間遅延プロファイルは 10 m 程度の移動区間内にあるスナップショットを平均して求められる．長区間遅延プロファイルは送受信間距離が同じである短区間遅延プロファイルを平均して求められる．送受信間距離の区切り間隔を，たとえば100 m とすれば，幅 100 m の帯状の地点で測定された短区間遅延プロファイルを平均して 1 つの長区間遅延プロファイルが求められる．図 4.22 に複数の長区間遅延プロファイルを示しているが，これらはそれぞれ送受信間距離が異なる場合である．なお，遅延プロファイルの縦軸は電力を表すが電力に瞬時の概念はない．このため瞬時の遅延プロファイルという表現は適さないのでスナ

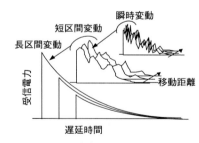

**図 4.22**　遅延プロファイルの変動特性

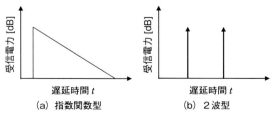

**図 4.23**　遅延プロファイルのモデル

ップショットと呼ばれたりする．また，遅延スプレッドは一般に瞬時変動を取り除いた短区間の遅延プロファイルから求められる．

　都市内のマイクロセルにおける遅延プロファイルの代表的なモデルを図 4.23 に示す．(a) は指数関数型モデルで，(b) は 2 波型モデルである．(a) は縦軸の受信電力を dB で表しており，このときの指数関数型の形状は直角三角形となる．

### 4.3.2　到来波広がり

#### a　角度プロファイルと角度スプレッド

　ビルの屋上や鉄塔に設置された基地局アンテナから，移動局から到来してくる電波を見ると，光学的な一本の直線として見えるわけでなく，空間的な広がりをもった塊のように見える．この現象は市街地のビルに反射，散乱した電波が多重波となって到来してくるためであり，到来波広がりと呼ばれる．伝搬遅延は到来する波の時間的な遅れを表現しており，到来波広がりは到来する波の到来角度を表現している．図 4.24 に多重波伝搬によって生じる到来波広がりと伝搬遅延を示す．また，図 4.25 に基地局から見た到来波のイメージを示す．これは路上から送信された電波が基地局アンテナで受信されるときに，市街地のビルに散乱されて広い角度の範囲から電波が届く様子を示している．到来波広がりは基地局側での空間ダイバーシチ受信と関係が深く，このため MIMO などの技術とも関係する．

　**空間ダイバーシチ**は一定の間隔で離した 2 本のアンテナで電波を受信して，2 つの受信レベルを位相合成することで，一方の受信レベルがフェージングで急激に小さくなった場合の信号誤りを回避できる．この空間ダイバーシチは 2

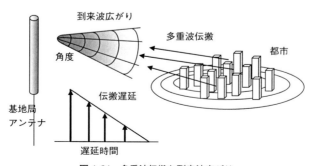

**図 4.24　多重波伝搬と到来波広がり**

**図4.25 基地局からみた到来波のイメージ**

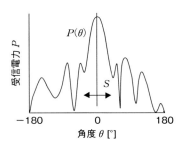

**図4.26 角度プロファイル**

つの受信レベル変動の相関係数が小さいほど有効である．受信レベル変動の相関は2本のアンテナ間隔と到来波広がりによって決まり，アンテナ間隔が広い場合や到来波広がりが大きい場合に相関が小さくなる．アンテナ設置上の問題でアンテナ間隔を十分に広くとれない場合が多いので，必要なアンテナ間隔を求めるために到来波広がり特性が必要とされる．

到来波広がり特性を表すパラメータとして，伝搬遅延と同様に**角度プロファイル**と**角度スプレッド**がある．図4.26に角度プロファイル $P(\theta)$ と角度スプレッド $S$ を示す．角度の0°基準は移動局の方向である．また角度プロファイルには $-180\sim180°$ の範囲がある．角度スプレッド $S$ は角度プロファイル $P(\theta)$ から次式で求められる．

$$S=\sqrt{\frac{\int_{-180}^{180} P(\theta)\cdot(\theta-\theta_0)^2\,d\theta}{\int_{-180}^{180} P(\theta)\,d\theta}} \qquad (4.45)$$

ここで，$P(\theta)$ は真値であり，$\theta$ は角度，$\theta_0$ は平均角度である．平均角度 $\theta_0$ は次式で表される．

$$\theta_0=\frac{\int_{-180}^{180} P(\theta)\cdot\theta\,d\theta}{\int_{-180}^{180} P(\theta)\,d\theta} \qquad (4.46)$$

角度プロファイルのピークとなる角度が必ずしも平均角度になるわけではない．角度の広がりが大きくなるとこのような場合が出てくる．状況によってはピークの角度を平均角度とした方が適切な角度スプレッドを求められるときもある．角度の範囲が360°に制限されていることもあり，適切な角度スプレッドを求めるのは難しい．

　都市部のマイクロセル環境では水平方向の角度スプレッドは数度くらいで，垂直方向は 1〜2° である．水平方向の角度スプレッドが大きいため水平方向に配置された空間ダイバーシチは有効である．このため従来から水平方向が主な検討対象になっている．角度プロファイルの代表的なモデルを図 4.27 に示す．(a) はガウス関数，(b) はラプラシアン関数，(c) はベキ乗関数のモデルである．ラプラシアン関数は左右が指数関数となっている．ガウス関数は数式の上で扱いやすいことから用いられてきた．ラプラシアン関数やベキ乗関数は角度プロファイルの測定によって提案されている．各関数の角度プロファイルは次のように表される．

$$ガウス関数 \qquad P(\theta) = \exp\left(-\frac{\theta^2}{2a^2}\right) \qquad (4.47)$$

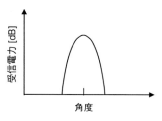

(a) ガウス関数

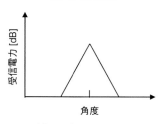

(b) ラプラシアン関数

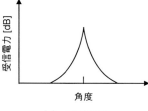

(c) ベキ乗関数

図 4.27　角度プロファイルのモデル

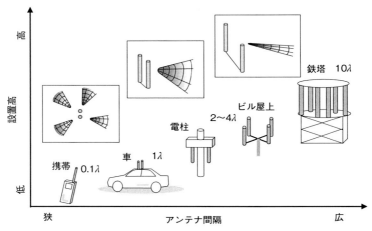

**図 4.28** 受信局の高さと空間ダイバーシチのアンテナ間隔

ラプラシアン関数　$P(\theta)=\exp\left(-\sqrt{2}\dfrac{|\theta|}{a}\right)$ (4.48)

ベキ乗関数　　　　$P(\theta)=(|\theta|+a)^{-b}$ (4.49)

ここで，$a$, $b$ は定数である．

　空間ダイバーシチを行うときに，角度スプレッドが小さいときは受信レベル変動を無相関にするために広いアンテナ間隔が必要となる．逆に角度スプレッドが大きいときは狭いアンテナ間隔でよい．また，一般的に受信局が鉄塔のように高い位置にあるときの角度スプレッドは小さく，路上のように低い位置にあると角度スプレッドは大きくなる．このため，受信局の高さが低くなるにつれてアンテナ間隔を狭くできる．図 4.28 に受信局の高さと空間ダイバーシチで必要なアンテナ間隔を示す．移動局のアンテナ間隔が狭くてもよいのは全方向から電波が到来するためである．

## ◇参 考 文 献◇

[1] 渋谷茂一（1961）：マイクロウェーブ伝搬解説，コロナ社.
[2] 奥村善久，進士昌明（1986）：移動通信の基礎，コロナ社.
[3] 進士昌明（1992）：無線通信の電波伝搬，コロナ社.
[4] 細矢良雄 監修（1999）：電波伝搬ハンドブック，リアライズ社.
[5] 唐沢好男（2003）：ディジタル移動通信の電波伝搬基礎，コロナ社.
[6] 岩井誠人（2012）：移動通信における電波伝搬，コロナ社.

## ◇演習問題◇

**4.1** 受信レベルの距離特性が $-40\log d + C$ [dB] で表されるときに,距離 100 m の受信レベルから 10 dB 下がる距離を求めよ.また,距離が 100 m でなく 1 km の場合で求めよ.

**4.2** 進行方向の前後から振幅が同じ 2 つの電波を受信した.周波数が 2 GHz のときに受信レベルが落ち込む間隔はいくらか.

**4.3** 送受信間に見通しがあるときの受信電力で,散乱波の平均電力に対して定常波電力は 20 倍高い.このときのライス係数を求めよ.

**4.4** 式(4.22)の奥村-秦式を用いて,周波数 1 GHz,基地局高 50 m のときに伝搬損失が 130 dB となる送受信間距離を求めよ.ただし,$a(h_m) = 0$ とする.

**4.5** 時間的に遅れた 3 波を受信した.1 波目と 2 波目の時間間隔は $\Delta t$ であり,2 波目と 3 波目も同じ $\Delta t$ である.3 波の受信電力はすべて同じであるとき,遅延スプレッドを求めよ.

# 5  伝搬関連の技術

　5章では無線通信システムの中で用いられる電波伝搬に関連する伝送技術について解説する．無線通信も様々なタイプがあるので，特に移動通信を例にして説明する．このため，はじめに移動通信システムの概要を述べる．次に伝送技術として，フェージングの対策として用いられるダイバーシチや伝送性能を改善する MIMO を説明する．伝搬の解析法として，レイトレーシング法と FDTD 法を取り上げる．さらに明らかになった伝搬特性が無線通信システムにどのように活用されるかを無線回線設計を通して説明する．

## 5.1　移動通信システムの概要

　移動通信では基地局をビルの屋上や屋内などに設置して移動する端末と通信を行う．移動通信の代表例としては**携帯電話システム**がある．携帯電話システムは当初は自動車電話として始まり狭帯域のアナログ通信であった．その後の1990 年代にディジタルでのサービスが開始され，2000 年代に入ってから広帯域通信が始まった．アナログからディジタルに，狭帯域から広帯域に変わることで伝送速度は高速になり，同時に通信できるユーザ数（加入者容量）を増やすために1つの基地局がカバーする円形のエリア（セル）は次第に小さくなってきた．アナログ通信のときはセル半径が数 km の**マクロセル**が用いられ，ディジタル通信のころからセル半径が1 km 以下の**マイクロセル**に変わってきた．近年では人の集まる場所や屋内などの狭いエリアにも基地局を配置するセル構成になってきた．

　移動通信に利用できる周波数帯域は限られているので周波数あたりの加入者容量を大きくすること，つまりいかに周波数利用効率の高いシステムを作るかというのが重要な課題である．周波数利用効率が高いとは通信を行う希望波の受信電力を大きくして，通信の妨げになる干渉波の受信電力を極力小さくすることである．電波の伝搬特性はこの周波数利用効率に大きく関わり，伝搬損失の距離特性や周波数特性はシステム開発において重要となる．また，ディジタ

ルによる高速伝送に伴って伝搬遅延や到来波広がりといった多重波伝搬特性の把握も必要である.

## 5.2 フェージング対策技術・伝送性能改善技術

無線区間の伝送品質を改善するための対策技術を説明する.ここではフェージング対策として代表的なダイバーシチ受信と伝送能力を改善する MIMO 技術を取り上げる.

### 5.2.1 ダイバーシチ

受信レベルがフェージングによって激しく変動すると通信品質が劣化する.この対策として**ダイバーシチ**受信がある.ダイバーシチは複数のアンテナで電波を受信して得られる信号を選択または合成することで通信品質を改善する技術である.図5.1にダイバーシチ受信の種類を示す.(a)は空間ダイバーシチで空間的に離した複数のアンテナで受信する.2つのアンテナの受信レベルの変動に相関がなければ,一方のアンテナの受信レベルが低下しても別のアンテナの受信レベルまで低下する確率は低い.これにより受信レベルの低下を防ぐことができる.(b)は偏波ダイバーシチで垂直偏波と水平偏波を受信している様子を示す.このダイバーシチは直交する偏波の受信レベルには相関がないこ

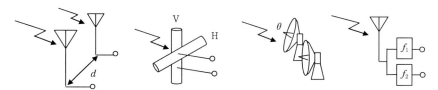

(a) 空間ダイバーシチ　(b) 偏波ダイバーシチ　(c) 角度ダイバーシチ(d) 周波数ダイバーシチ

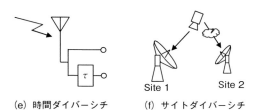

(e) 時間ダイバーシチ　　(f) サイトダイバーシチ

図5.1　ダイバーシチ受信の種類

とを利用している．(c) は指向性アンテナを用いた角度ダイバーシチであり，アンテナビームを向ける角度で受信レベルが変化することを利用している．(d) は異なる周波数を用いる周波数ダイバーシチである．(e) は時間をずらして送信する時間ダイバーシチである．(f) は受信アンテナを異なる場所に設置するサイトダイバーシチである．(c) から (f) は気象条件などによって生じるフェージングの対策として固定通信や衛星通信で用いられる．固定通信では直接波と大地反射波によってフェージングが起きるためアンテナを垂直に配置した空間ダイバーシチも用いられる．また，3.4.3 項で述べたように k 形フェージングに対しては周波数ダイバーシチが適用できる場合もある．衛星通信では降雨などによる減衰を避けるために地上局を異なる場所に設置するサイトダイバーシチが用いられる．移動通信の基地局では空間ダイバーシチや偏波ダイバーシチが用いられる．送受信アンテナの偏波面が固定される状況では空間ダイバーシチが有利であり，アンテナ配置のスペースが確保できないときは偏波ダイバーシチが有利である．

　移動通信での空間ダイバーシチを例にダイバーシチの効果を説明する．図 5.2(a) に室内または屋外での面的な受信レベル分布を示す．これは 50 cm×50 cm のエリアに 2 GHz の電波がランダムな方向から複数到来してきたときの受信レベルをシミュレーションした結果であり，受信レベルはレイリー変動している．ここで 2 本のアンテナの間隔を固定して移動させると図 5.2(b) に示す受信レベル変動が得られる．十分なアンテナ間隔を確保すると 2 つの受信レベルの相関を小さくできるので，一方のアンテナの受信レベルが低下しても別のアンテナの受信レベルまで低下する確率は低い．2 本のアンテナ

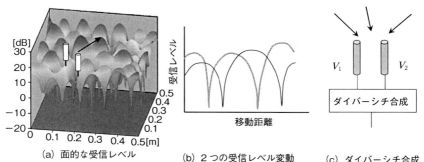

(a) 面的な受信レベル　　(b) 2 つの受信レベル変動　　(c) ダイバーシチ合成

図 5.2　ダイバーシチ受信

で受信することで受信レベルの低下を防ぐことができる．図5.2(c)にダイバーシチ合成の様子を示す．ダイバーシチの効果を得るには，2つの受信レベル変動に相関がないこと，2つの受信レベルが同程度であることが条件となる．

タイバーシチ受信した信号の選択・合成には次の3つの方法がある．

**①選択ダイバーシチ：** アンテナを切り替えて受信レベルの高い信号を選ぶ方法である．装置構成が簡易であるが，もう1つの信号を捨てることになる．信号電力の絶対値よりも雑音電力と比べた**信号電力対雑音電力 CNR** は通信品質の指標である．選択した信号の電圧が $V_1$ であれば受信電力は $V_1^2$ となる．また，1つのアンテナが受信する雑音電力を $N_0$ とすれば，CNR は $V_1^2/N_0$ となる．

**②等利得合成ダイバーシチ：** 2つの信号の位相を合わせてそのまま足し算（等利得合成）する方法である．この方法では3つの中で信号の電力を最大にでき，信号電力は $(V_1+V_2)^2$ となる．ただし，雑音電力は2倍の $2N_0$ となり，CNR $=(V_1+V_2)^2/(2N_0)$ となる．

**③最大比合成ダイバーシチ：** 信号電圧に応じて重み付けして合成する方法である．雑音電力も重み付けされるので3つの中でCNR を最大にできる．信号電圧 $V_1$ の重み付けを $V_1/(V_1+V_2)$ とすれば信号電力は次式となる．

$$S=\left(V_1\frac{V_1}{V_1+V_2}+V_2\frac{V_2}{V_1+V_2}\right)^2 \tag{5.8}$$

また，雑音電力も同様に重み付けされるので次式となる．

$$N=N_0\left(\frac{V_1}{V_1+V_2}\right)^2+N_0\left(\frac{V_2}{V_1+V_2}\right)^2 \tag{5.9}$$

このため，CNR $=(V_1^2+V_2^2)/N_0$ となる．

図5.1で一般的なダイバーシチの種類を挙げたが，携帯電話システムでは図5.3に示すダイバーシチも使われている．(a)は**送信ダイバーシチ**で，送信側

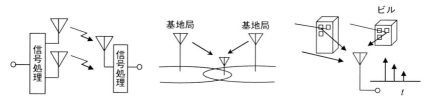

(a) 送信ダイバーシチ　(b) 基地局間サイトダイバーシチ　(c) レイク受信ダイバーシチ

**図 5.3　携帯電話システムのダイバーシチ**

に複数のアンテナを用いて送信前と受信後に信号処理を行うことで受信ダイバーシチと同じ効果を得る方法である．(b) は基地局間のサイトダイバーシチで，移動局が2つの基地局エリアの重なる場所にいるときに2つの基地局から送信される信号を受信する方法である．(c) はレイク受信ダイバーシチで，市街地のビルで反射して時間的に遅れて受信される複数の電波を位相合成して受信電力を大きくする方法である．

### 5.2.2 フェージングの空間相関

　空間ダイバーシチを行うには2つのアンテナの受信レベルの相関を小さくするアンテナ間隔が必要であった．このアンテナ間隔に対する**相関係数**の変化は受信レベルの**自己相関関数**のことである．自己相関関数は対象とする波形を2つ用意して，ずらしながら相関係数を求めることで得られる関数である．2つをずらさないときの相関係数は $\rho=1$ で，ずらすことによって相関係数は小さくなる．相関係数がある値，たとえば $\rho=0.5$ となるときのずらした幅で変動の特徴を表すことができる．間隔をパラメータとする受信レベルの相関は時間軸上の波形の相関に対して**空間相関**と呼ばれる．

　4.1.3項で移動局の進行方向と逆方向から到来する2波を受信したときの受信レベル変動を求めた．まずはこの場合の自己相関関数を求める．式(4.3)で求めた**包絡線電圧** $\nu(d)$ で，簡単化のために初期位相を $\theta_1=\theta_2=0$ とする．これにより $\nu(d)$ は次式の実数で表せる．

$$\nu(d)=2\cos(-kd) \tag{5.10}$$

ここでは，$\nu(d)$ の平均値は0なので $\nu(d)$ の自己相関関数は次式となる．

$$\rho(\Delta d)=\frac{\langle \nu(d)\cdot\nu(d+\Delta d)\rangle}{\sqrt{\langle \nu(d)^2\rangle}\sqrt{\langle \nu(d+\Delta d)^2\rangle}} \tag{5.11}$$

ここで〈 〉は平均の演算記号で，$\Delta d$ はずらす距離である．図5.4に $\nu(d)$ と $\nu(d+\Delta d)$ を示す．式(5.11)に式(5.10)を代入すると，分母は2になる．ま

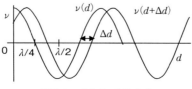

図5.4　$\nu(d)$ と $\nu(d+\Delta d)$

た，分子の〈 〉の中は次式となる．

$$2\cos(-kd)\cdot 2\cos\{-k(d+\Delta d)\}$$
$$=2\cos(k\Delta d)+2\cos(-2kd-k\Delta d) \qquad (5.12)$$

式 (5.12) の第 1 項は定数であり，第 2 項は $d$ を変数として平均するため 0 になる．よって自己相関関数は次式となる．

$$\rho(\Delta d)=\cos(k\Delta d) \qquad (5.13)$$

図 5.5 に式 (5.13) の自己相関関数を示す．$\rho(\Delta d)=0.5$ となる相関距離は $\Delta d=\lambda/6$ である．これは波長よりも十分に短い距離である．

多数の波が受信されたときの受信レベルは式 (4.8) で求めており，この受信レベルは**レイリー変動**する．この受信レベルは複素数であり，複素数の自己相関関数は相関係数の絶対値が 1 を超えないように次のように定義される．

$$\rho(\Delta d)=\frac{\langle \nu^*(d)\cdot\nu(d+\Delta d)\rangle}{\sqrt{\langle\nu^*(d)^2\rangle}\sqrt{\langle\nu(d+\Delta d)^2\rangle}} \qquad (5.14)$$

ここで，*印は複素共役を表す．上式に式 (4.8) を代入すると次式を得る．

$$\rho(\Delta d)=\frac{\sum_{i=1}^{N}R_i^2\exp\{j(-k\,\Delta d\cos\varphi_i)\}}{\sum_{i=1}^{N}R_i^2}\cong\sum_{i=1}^{N}\exp\{j(-k\,\Delta d\cos\varphi_i)\}$$

$$(5.15)$$

上式の近似は $R_i$ が同程度だと仮定している．また，角度 $\varphi_i$ の分布を一様分布と仮定すれば次式となる．

$$\rho(\Delta d)=\frac{1}{2\pi}\int_{-\pi}^{\pi}\exp\{j(-k\,\Delta d\cos\varphi)\}\,d\varphi=\mathrm{J}_0(k\Delta d) \qquad (5.16)$$

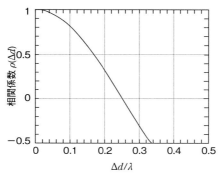

図 5.5　2 波の受信レベルの自己相関関数

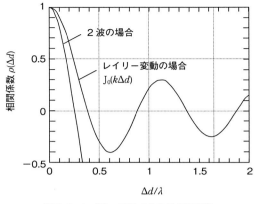

**図5.6　レイリー変動での自己相関関数**

$J_0(\ )$ は 0 次の**第 1 種ベッセル関数**である．図 5.6 にレイリー変動での自己相関関数を示す．参考のために 2 波の場合の自己相関関数も示す．2 波の場合は前後から波が到来するので相関係数の落ち込みも急になる．レイリー変動で相関係数が $\rho=0.5$ となるのは $\Delta d/\lambda=0.24$ のときで $\Delta d$ が約 $\lambda/4$ である．

　移動局の到来波角度 $\varphi_i$ の分布は一様なので，波長よりも短い間隔で相関係数が小さくなる．基地局は高い位置にあるので到来波は狭い角度範囲に限られる．式 (5.15) の角度 $\varphi_i$ の分布が狭くなれば相関係数 $\rho(\Delta d)$ は小さくならない．このため空間ダイバーシチを行うときに基地局は移動局よりも広いアンテナ間隔が必要になる．これは図 4.28 で示したアンテナ間隔と同じ内容である．

### 5.2.3　MIMO

　1 つの周波数を使って送受信アンテナ間で無線通信しているときに，伝送する情報を増やすために新たに送受信アンテナを設置して同じ周波数で通信を行うと干渉を起こして情報を伝送できない．干渉を起こさないように工夫できると同じ周波数帯で伝送する情報を増やすことができる．

　図 5.7 に多数のアンテナを使った送受信の様子を示す．送信と受信のアンテナ間距離は送受信間距離であり，たとえば数十 m や数 km のオーダである．送信側または受信側のアンテナ間隔は波長のオーダである．図 5.7 では信号 $S_1$ と $S_2$ を同じ周波数 $f_0$ で送信して，アンテナ #1 と #2 で受信している．(a) は送信側で信号処理を行い，アンテナ #1 の $S_1$ の受信レベルが高く，$S_2$

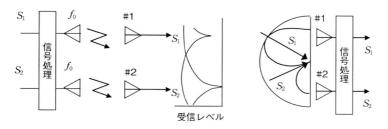

（a）送信前信号処理 （b）受信後信号処理

図5.7 多数のアンテナによる送受信

の受信レベルが低くなるように調整する．アンテナ #2では逆になるように調整する．（b）は受信側で信号処理を行い，アンテナ #1の $S_1$ の受信レベルが高くなるように2つのアンテナ #1と #2を使ってアンテナパターンを調整している．図では $S_1$ の到来方向にアンテナビームを向けて，$S_2$ の到来方向にアンテナの指向性が落ちこんだヌルを作っている．このように，信号処理を行うことで同じ周波数を用いて2つの信号をある程度伝送できる．ここで，図5.7（a）と（b）は受信レベルとアンテナパターンで説明しているが，この2つは同じ現象を別の視点で見ているだけである．

　送信側と受信側の両方で信号処理を行う方法が MIMO である．MIMO は送信側と受信側に多数のアンテナを用いるという意味である．図5.8に送信信号 $x_1$, $x_2$, 受信信号 $y_1$, $y_2$, 伝搬路特性 $a_{11}$〜$a_{22}$ を示す．送信信号と受信信号は振幅と位相をもっているので複素数である．また，伝搬路特性は振幅の減衰と位相の変化を表すのでこれも複素数である．また，伝搬路特性 $a_{11}$〜$a_{22}$ は事前に測定することで既知である．このときの受信信号 $y_1$ は $y_1 = x_1 a_{11} + x_2 a_{12}$ と表される．この受信信号には2つの送信信号 $x_1$ と $x_2$ が入っているため干渉してそれぞれの信号を取り出せない．受信信号は次式の行列で表される．

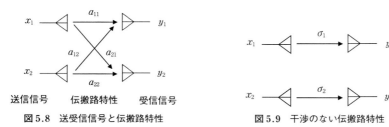

図5.8 送受信信号と伝搬路特性　　　図5.9 干渉のない伝搬路特性

$$\begin{bmatrix} a_{11} & a_{12} \\ a_{21} & a_{22} \end{bmatrix} \begin{bmatrix} x_1 \\ x_2 \end{bmatrix} = \begin{bmatrix} y_1 \\ y_2 \end{bmatrix} \qquad (5.17)$$

図 5.9 に示す干渉のない伝搬路特性は交差する成分がない場合である．この伝搬路特性は次式の対角行列で表される．

$$\begin{bmatrix} \sigma_1 & 0 \\ 0 & \sigma_2 \end{bmatrix} \qquad (5.18)$$

上式の伝搬路特性を等価的に作り出すことができれば干渉を起こさずに信号を送ることができる．ここで，行列の**特異値分解**を用いると伝搬路特性を次式の対角行列を含む 3 つの行列に分解できる．

$$\begin{bmatrix} a_{11} & a_{12} \\ a_{21} & a_{22} \end{bmatrix} = \begin{bmatrix} \bullet & \bullet \\ \bullet & \bullet \end{bmatrix} \begin{bmatrix} \sigma_1 & 0 \\ 0 & \sigma_2 \end{bmatrix} \begin{bmatrix} \bullet & \bullet \\ \bullet & \bullet \end{bmatrix} = U \begin{bmatrix} \sigma_1 & 0 \\ 0 & \sigma_2 \end{bmatrix} V^H \qquad (5.19)$$

ここで，● は互いに異なる値を持つことを示し，$U$ と $V^H$ は行列である．これを利用して干渉が起きないようにする．伝搬路特性を行列で表したが，行列は演算でもあるのでこれを信号処理に置き換える．図 5.10 に干渉のない伝搬路特性への変換方法を示す．図 5.10 の (a) は最初の干渉のある状態を示す．(a)

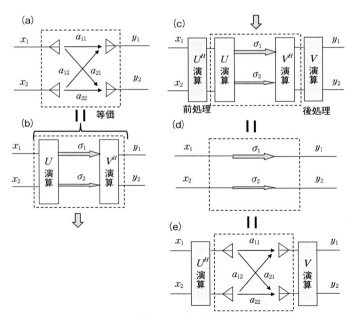

**図 5.10 干渉のない伝搬路特性への変換**

の伝搬路特性は式(5.19)のように3つの行列に分解できるので，これは (b) に示す構成と等価である．(c) は (b) の送信側と受信側の演算 $U$，$V^H$ を打ち消す演算を加えた場合である．(c) は (d) に示す干渉のない状態と等価である．(e) は実環境での伝搬路特性を使って表しており，(d) と等価である．(e) のように送信前と受信後に信号処理を行うことで同じ周波数を用いても干渉のない通信を行うことができる．

## 5.3 解 析 法

伝搬特性を明らかにするために実際の市街地で伝搬実験が行われる．これは**フィールド・リサーチ**（field research：**FR，現場研究**）と呼ばれるが，実環境で測定を行うには物理的な制約が伴う．コンピュータなどを用いて対象とする環境での電波伝搬をシミュレーションすることができれば伝搬特性の検討に有益である．このシミュレーションの代表的な手法としてレイトレーシング法とFDTD法がある．

### 5.3.1 レイトレーシング法

電波は波動であるので厳密な計算を行うには電波を波として扱う電磁界理論に基づく手法が必要である．しかし，波として扱うには空間的な広がりを考慮しなければならないので計算の負荷が大きい．幾何光学のように光線として扱えると便利である．光線として扱う幾何光学と波として扱う電磁界理論の中間に物理光学近似や幾何光学近似という計算方法がある（1.3.2項参照）．図5.11でこの関係を説明する．図は遮蔽物を電波が回折して受信点Pに届く様子

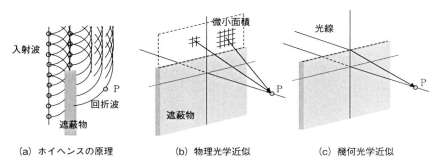

(a) ホイヘンスの原理　　　(b) 物理光学近似　　　(c) 幾何光学近似

図5.11　電波の受信電力の計算方法

を示している．（a）はホイヘンスの原理に従って電波が回折する様子である．
ホイヘンスの原理では波面上の各点が新しい波源となって球面波が発生して次
の波面を作る．このような波の伝わり方で回折を説明できる．この考えに従っ
て受信点での電波の強さを求めるには波面を逐次計算しなければならない．
（b）の物理光学近似では遮蔽物の地点に遮蔽物を含む平面を考える．その平面
上を微小面積に分けて微小面積を通る電波が受信点に与える影響を積分するこ
とで受信点での強さを求める．この方法により波面の逐次計算を1つの面での

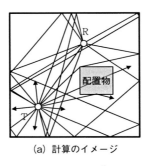

(a) 計算のイメージ

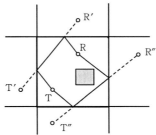

(b) イメージング法

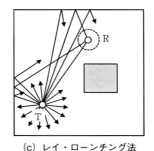

(c) レイ・ローンチング法

図5.12　レイトレーシング法での計算

計算に置き換えることができる．さらに (c) の幾何光学近似では回折して受信点に届く光線に回折で生じる損失を持たせている．これによりさらに計算負荷を軽減できる．幾何光学近似ではうまく計算できなくなる条件があるため，これを改良した幾何光学的回折理論がある（1.3.2 項の b 参照）．幾何光学近似や幾何光学的回折理論に基づいて電波を光線として扱い，対象とする環境での電波の強さなどを求める方法をレイトレーシング法という．レイは光線，トレーシングは追跡という意味である．

　レイトレーシング法での計算のイメージを図 5.12(a) に示す．この図では室内にある送信点 T から出た光線が室内の壁や配置物で反射，回折，透過して受信点 R に届く様子を示す．受信点に届く光線の電力から受信電力が求められる．反射損失や透過損失は材質の電気定数によって決まるため壁や配置物の電気定数が与えられる．回折損失は回折角度などをもとに計算される．図では室内や光線を 2 次元で描いているが実際の計算では 3 次元空間で行われる．光線の経路を求める方法には**イメージング法**（もしくは**鏡像法**）と**レイ・ローンチング法**がある．図 5.12(b) にイメージング法による経路の求め方を示す．この方法では送信点から受信点に届く経路を反射面の折り返しを使って求める．図の T′–R′ や T″–R″ で結ばれる直線が T–R の経路に相当する．図 5.12(c) はレイ・ローンチング法で，送信点から光線を等間隔で出射させて受信点に届く光線を求める方法である．受信点が小さいと受信される光線が少なくなるので，受信点を中心とする受信球を用意して，この球に光線が届いたときに受信されたと見なすようにしている．どちらの場合も先に光線の反射や回折の最大回数を設定して，最大回数を超えない経路だけで計算を行う．対象とする環境の複雑さや広さなどにより 2 つの方法の計算時間や計算の精度に違いがある．

## 5.3.2　FDTD 法

　マクスウェルの方程式から電波の伝搬特性を求めることができるが，複雑な条件下でこの偏微分方程式を数学的に解くことは難しい．しかし，偏微分方程式を数値的に計算機シミュレーションで求めることは可能である．その方法の 1 つに **FDTD**（finite-difference time-domain，**時間領域差分**）**法**がある．これは時間領域で微分方程式を差分方程式に置き換えることで，微分を数式的に解かずに求める方法である．

　マクスウェルの方程式から次式のように電界 $E$ と磁界 $H$ の関係が得られ

る.

$$\nabla \times E = -\mu \frac{\partial H}{\partial t} \qquad (5.20)$$

$$\nabla \times H = \varepsilon \frac{\partial E}{\partial t} + \sigma E \qquad (5.21)$$

ここで,$\mu$ は透磁率,$\varepsilon$ は誘電率,$\sigma$ は導電率である.上式を差分方程式で表すと電界と磁界の連立方程式になるので,一定時間ごとに電界と磁界を交互に解いていくことで空間に広がる電界と磁界を求めることができる.図 5.13 に (a) 時間ステップと (b) 空間ステップの電界と磁界を示す.一定時間 $\Delta t$ ごとに求められる電界を $E^{n-1}$, $E^n$, $E^{n+1}$, … とすれば,磁界はその間ごとに $H^{n-1/2}$, $H^{n+1/2}$, … と求める.上添字の $n-1$ や $n$ などは時間を表す.$H^{n-1/2}$ と $E^n$ から $H^{n+1/2}$ を求めて,$E^n$ と $H^{n+1/2}$ から $E^{n+1}$ を順次求める.(b) には $z$ 軸方向だけの $\Delta z$ ごとの電界と磁界を示す.変数 $i-1$ や $i-1/2$ などは位置を表す.3 次元の空間では図 5.14 に示す **Yee 格子**を用いて電界と磁界の位置を設定する.Yee 格子では,電界の 3 成分 ($E_x, E_y, E_z$) と磁界の 3 成分 ($H_x, H_y, H_z$) の位置はすべて異なり,電界は辺の中心で接線方向,磁界は面の中心で法線方向とする.空間のメッシュサイズは波長の 1/10 程度にする.時間の微分に関しては次のように差分法で求めることができる.

$$\frac{\partial E}{\partial t} \cong \frac{E^n - E^{n-1}}{\Delta t} \qquad (5.22)$$

また,回転は次式

$$\nabla \times E = \begin{vmatrix} i & j & k \\ \dfrac{\partial}{\partial x} & \dfrac{\partial}{\partial y} & \dfrac{\partial}{\partial z} \\ E_x & E_y & E_z \end{vmatrix} \qquad (5.23)$$

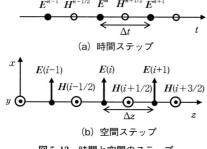

(a) 時間ステップ

(b) 空間ステップ

図 5.13 時間と空間のステップ

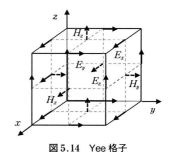

図 5.14 Yee 格子

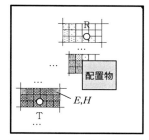

**図 5.15**　FDTD の計算イメージ

であるので，これも次式のように差分法で求めることができる.

$$\frac{\partial E_x}{\partial z} \cong \frac{E(i)-E(i-1)}{\Delta z} \tag{5.24}$$

　計算のために，環境内にある物体の形状やその電気定数，空間の分割方法，周波数，波源を設定する．波源はアンテナから放射される場合や環境内に平面波が入射される場合を考えて与えられる．FDTD 計算の精度と計算量は時間と空間の離散化の方法や間隔に依存する．図 5.15 に FDTD の計算のイメージを示す．レイトレースでは先に複数の伝搬経路を求めて，各経路を通る光線の強さを計算することで受信レベルを求めた．FDTD では空間をメッシュに分割して，隣接するメッシュから順次電界と磁界を交互に計算することで空間の電磁界を求める．これにより各地点での受信レベルを求めることができる.

## 5.4　無線通信の回線設計

　伝搬特性の解明が無線通信にどのように役立つのかを無線回線設計を取り上げて説明する．無線回線設計は無線通信システムの無線区間のパラメータを決めるための設計である．無線回線設計の概略を説明して，移動通信で代表的な携帯電話システムを例にとって説明する.

### 5.4.1　無線回線設計

　通信品質が所定の基準を満たすように送信電力やアンテナ利得，許容伝搬損失，受信感度などのパラメータを決めることを無線回線設計という．通信品質は信号誤り率などによって評価される．図 5.16 に無線回線のレベル図を示す．縦軸は dB 値で表している．dBm は電力の 1 mW を基準とした dB 値の単位

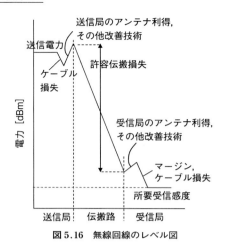

図 5.16　無線回線のレベル図

である．図中の**所要受信感度**は通信品質を満たすために必要な最低限の受信電力である．送信電力からケーブル損失や伝搬損失，マージン（余裕分）などの各種損失を引いて，送受信アンテナ利得やその他の改善技術による利得を加えて得られた電力が所要受信感度以上であれば通信が可能である．ここでのマージンには，たとえば衛星通信や固定通信では降雨減衰による損失分，移動通信では建物遮蔽などのシャドーイングによる損失分や建物内まで通信エリアにするときの建物侵入損失分などがある．その他の改善技術には送信や受信でのダイバーシチ（空間や偏波）による利得分などがある．無線回線設計ではこれらの損失分や利得分を総合して，必要な送信電力を決めたり，通信できる距離を求めたりする．無線回線設計において伝搬損失の占める割合は大きく，伝搬損失特性の把握は重要となる．しかし，伝搬損失だけではなく改善技術に関係してくる空間的な電波の広がり特性や偏波特性，シンボル間干渉に関わる伝搬遅延特性なども無線回線設計のために必要である．また，受信レベルの瞬時変動も通信品質に影響するためこれらの特性も必要である．

### 5.4.2　携帯電話システムの場合
　具体的に携帯電話システムを例にして無線回線設計を説明する．このために，携帯電話システムのセル構成と伝搬損失推定についても説明する．
#### a　セル構成
　携帯電話システムでは移動局がどこにいても通信できるように，複数の基地

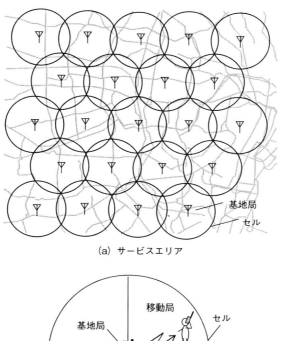

（a）サービスエリア

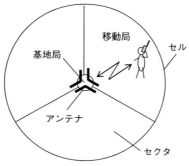

（b）セルとセクタ

**図 5.17　携帯電話のセル構成**

局を面的に配置してサービスエリアを構成している．図 5.17(a) に基地局の配置例を示す．1 つの基地局がカバーする範囲は**セル**と呼ばれる．図 5.17(b) にセルの様子を示す．基地局が移動局と通信するときは，移動局の位置がわからないので基地局は全方向に電波を送信しなければならない．しかし，セル内すべてに電波を送信すると効率が悪いので，1 つのセルを複数の**セクタ**に分割してセクタごとに基地局アンテナを設置して，該当する移動局のいるセクタだけに電波を送信する．これにより，不要な方向に電波を放射しないので他の通信への干渉が抑えられ周波数の利用効率を高くできる．また無駄な送信電力を削

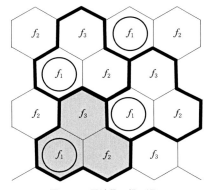

**図5.18　周波数の繰り返し**

減できる．図5.17(b) ではセルを3つのセクタに分けているので3セクタ構成と呼ばれる．都心部では6セクタ構成も使われている．移動局のアンテナは指向性を持たないので，移動局から送信される電波は全方向に放射される．

　隣接する基地局どうしで同じチャネルを使うと基地局間で干渉を起こす．チャネルを周波数で分ける場合や符号で分ける場合があるが，同じチャネルは干渉しないように離れた基地局で再利用する．図5.18に同じ周波数を繰り返して使う例を示す．同じ周波数は隣接したセルでは使えないが一定距離離れたセルでは再利用できる．図5.18では3つのセルを1つのゾーンと考え，このゾーン内のセルは異なる周波数を用いる．このゾーンを規則的に配置することでサービスエリアを面的に構成できる．図5.18ではセルに周波数を割り当てるという説明をしているが，実際にはセル内のセクタごとに周波数配置を決めている．周波数を繰り返して使うことで利用効率の向上を図っている．1つのセルを小さくすれば周波数の繰り返し距離を短くできるのでさらに周波数の利用効率を高くできる．これにより同時に通信できるユーザの数も増やすことができる．

### b　伝搬損失推定式

　セル内の受信レベルや他のセルに与える干渉量を求めるために**伝搬損失**の推定を行う．伝搬損失の中には自由空間損失分が含まれるので，先に自由空間損失を正しく把握することは大切である．まず，1.2.4項のフリスの伝送公式から伝搬損失 $L$ は次式で表される．

$$L=P_t+G_t+G_r-P_r \text{ [dB]} \tag{5.25}$$

次に自由空間損失は次式であった.

$$L = -20 \log \frac{\lambda}{4\pi d} \text{ [dB]} \tag{5.26}$$

上式から自由空間損失は波長 $\lambda$ と送受信間距離 $d$ から容易に求められる. 市街地での伝搬損失は自由空間損失より $20\sim30$ dB くらい大きいので自由空間損失を求めることで伝搬損失の妥当性を確認できる.

伝搬損失の推定では対象とする環境に合った推定式を用いる. 移動通信では 4.2.1 項で説明した奥村-秦式がよく用いられるので, これを使って推定方法を説明する. 再度, 奥村-秦式を次に示す.

$$L = 69.55 + 26.16 \log f - 13.82 \log h_b - a(h_m)$$
$$+ (44.9 - 6.55 \log h_b) \cdot \log d \text{ [dB]} \tag{5.27}$$

奥村-秦式はマクロセル用として作られており, 送受信間距離の適用範囲は 1 km〜20 km である. しかし, 受信間距離 1 km 以下に適用しても推定誤差は大きくないのでマイクロセルでも用いることができる. 基地局アンテナ高は周辺ビルより高い場合で, 移動局は道路上にある場合を対象にしている. また, 得られる伝搬損失値は長区間変動に相当する値であり瞬時変動や短区間変動が平均化された値である. 各パラメータの単位は $d$ [km], $f$ [MHz], $h_b$ [m] であるので単位を揃えて式(5.27)に代入して伝搬損失 $L$ を求める.

### c 無線回線設計例

表 5.1 に携帯電話の無線回線設計例を示す. これは基地局から電波を送信して移動局で受信する場合である. 表中の記号 $a \sim h$ はそれぞれの項目の値である. 利得 ($b$ や $d$) はプラスの値であるが, 損失 ($c$ や $g$) もプラスの値で表している. 場所的変動マージン $e$ は移動通信に固有の項目である. 同じ送受信間距離での受信レベルのばらつきは短区間変動のことであるが, この場所的なば

**表5.1 携帯電話の無線回線設計例**

| 項目 | 値 | 単位 | 備考 |
|---|---|---|---|
| 基地局の送信電力 | $a$ | dBm | 基地局 |
| 送信アンテナ利得 | $b$ | dBi | 基地局 |
| 送信ケーブル損 | $c$ | dB | 基地局 |
| 受信アンテナ利得 | $d$ | dBi | 携帯端末 |
| 場所的変動マージン | $e$ | dB | 伝搬特性 |
| 所要受信感度 | $f$ | dBm | 携帯端末 |
| 許容伝搬損失 | $g$ | dB | 伝搬特性 |
| セル半径 | $h$ | km | |

らつきは標準偏差で 6 dB 程度の正規分布である．サービスエリアを考えるときはこのばらつきまで考慮する．推定式で求められる伝搬損失値は同じ送受信間距離での平均値であるため，そのままセル半径を求めると，セル端では通信可能な場所率は 50% しかない．このため場所率をもっと大きくするにはマージンが必要になる．たとえば，正規分布の標準偏差の 6 dB 分だけ伝搬損失に余裕を持たせてセル半径を求めるとセル端での場所率は 84% になる．場所率を先に決めて必要なマージンを見積もる．表5.1 から許容伝搬損失は次式で求められる．

$$g = (a+b-c+d-e) - f \ [\text{dB}] \tag{5.28}$$

$a \sim g$ は種類の異なる dB 値であるが上式のように和と差の演算が行える．許容伝搬損失が求まれば，式(5.27)の推定式を用いてセル半径に相当する送受信間距離を求める．このときに，規定の周波数や基地局アンテナ高，移動局アンテナ高を用いる．各項目の値を変更することでセル半径も変わるので，各項目の値を見比べながら最適な設計を行う．

## ◇参 考 文 献◇

[1] 奥村善久，進士昌明（1986）：移動通信の基礎，コロナ社．
[2] 中嶋信生（2004）：新世代ワイヤレス技術，丸善．
[3] 小林岳彦 監訳（2007）：ゴールドスミス ワイヤレス通信工学，丸善．
[4] 今井哲朗（2016）：電波伝搬解析のためのレイトレーシング法，コロナ社．
[5] 宇野 亨（1998）：FDTD 法による電磁界およびアンテナ解析，コロナ社．
[6] 正村達郎（2006）：移動体通信，丸善．
[7] 立川敬二 監修（2001）：W-CDMA 移動通信方式，丸善．

## ◇演 習 問 題◇

**5.1** 2本のアンテナを左右に間隔 $\Delta d$ で並べて空間ダイバーシチを行う．左と右から 2波が等しい振幅で到来する場合に受信レベルの相関係数を $\rho = 0.4$ にしたい．間隔 $\Delta d$ をいくらにすればよいか．

**5.2** 2本のアンテナでダイバーシチを行う．1本のアンテナの受信電圧が 1 V，もう 1本は 0.5 V でアンテナ 1本の雑音電力 $N$ を 0.2 W とする．選択，等利得合成，最大比合成での信号電力対雑音電力 CNR（=S/N）を求めよ．信号電力 $S$ は信号電圧の 2乗とせよ．

**5.3** 2×2 の MIMO を行うときに伝搬路特性が次のように 3つの行列に分解できた．元の伝搬路特性を求めよ．

$$A = \begin{bmatrix} -1 & -1 \\ -1 & +1 \end{bmatrix} \begin{bmatrix} 3 & 0 \\ 0 & 1 \end{bmatrix} \begin{bmatrix} -1 & -1 \\ -1 & +1 \end{bmatrix}$$

**5.4**　伝搬シミュレーションとしてのレイトレーシング法とFDTD法とを計算時間，計算量，対象とする範囲，シミュレーション精度の観点から比較せよ.

**5.5**　送信電力が30 dBm，送信アンテナ利得が15 dBi，受信アンテナ利得が0 dBi，回線設計のマージンが6 dB，所要受信感度が−110 dBm のときに許容伝搬損失を求めよ.

# 付録1　数学公式

## A.　ベクトル

$a$, $b$, $c$ をベクトルとする.

$$(a \times b) \cdot c = (b \times c) \cdot a = (c \times a) \cdot b \tag{A.1}$$

$$\nabla \cdot (a \times b) = b \cdot \nabla \times a - a \cdot \nabla \times b \tag{A.2}$$

$$\nabla \times \nabla \times a = \nabla \nabla \cdot a - \nabla^2 a \tag{A.3}$$

$$\nabla \cdot \nabla \times a = 0 \tag{A.4}$$

## B.　ガウスの発散定理

$A$ を任意のベクトル関数とする.

$$\oint_S A \cdot ds = \oint_V \nabla \cdot A \, dv \tag{B.1}$$

## C.　ストークスの定理

$A$ を任意のベクトル関数とする.

$$\oint_S \nabla \times A \, ds = \oint_C A \cdot dl \tag{C.1}$$

## D.　球座標系でのラプラシアン

$$\nabla^2 = \frac{1}{r^2} \cdot \frac{\partial}{\partial r}\left(r^2 \frac{\partial}{\partial r}\right) + \frac{1}{r^2 \sin\theta} \cdot \frac{\partial}{\partial \theta}\left(\sin\theta \frac{\partial}{\partial \theta}\right) + \frac{1}{r^2 \sin\theta} \cdot \frac{\partial^2}{\partial \phi^2} \tag{D.1}$$

# 付録2　演習問題略解

**1.1**　省略

**1.2**　(a) 60 dB, (b) 90 dB, (c) 204 dB

**1.3**　$-6$ dB

**1.4**　省略

**1.5**　第1フレネルゾーン：5 m, 第2フレネルゾーン：$5\sqrt{2}\,(\fallingdotseq 7.07)$ m, 第3フレネルゾーン：$5\sqrt{3}\,(\fallingdotseq 8.66)$ m, 第4フレネルゾーン：10 m

**2.1**　4.03 MHz

**2.2**　見かけの高さ：150 km, 電子密度：$3.1 \times 10^{11}\,\mathrm{m^{-3}}$

**2.3**　省略

**2.4**　$60°$のときはMUF：18 MHz, FOT：15.3 MHz, $45°$のときはMUF：12.7 MHz, FOT：10.8 MHz

**3.1**　屈折率：1.000300, 屈折指数：300

**3.2**　屈折指数：270, 修正屈折指数：348

**3.3**　省略

**3.4**　10 mm/h：4.3 dB, 50 mm/h：24.6 dB

**4.1**　$40\log d' - 40\log d = 10$ から 180 m, 1.8 km

**4.2**　$\lambda/2$ なので 7.5 cm

**4.3**　$K=20$, または 13 dB

**4.4**　$d=1.5$ km

$L = 69.55 + 26.16\log 1000 - 13.82\log 50 + (44.9 - 6.55\log 50)\cdot\log d$
$= 124.5 + 33.8\log d = 130$

**4.5**　$\sqrt{\dfrac{2}{3}}\Delta t$. 1波の受信電力を $P_0$ とすると, $\tau = (P_0\Delta t + 2P_0\Delta t)/3P_0 = \Delta t$ から,

$$S = \sqrt{\frac{P_0(\Delta t)^2 + P_0(\Delta t)^2}{3P_0}} = \sqrt{\frac{2}{3}}\Delta t$$

**5.1**　$0.18\lambda$. $\rho(\Delta d) = \cos(k\Delta d) = \cos(2\pi\Delta d/\lambda) = 0.4$

**5.2**　CNR = 5, 5.6, 6.3
選択：$S=1$, $N=0.2$ なので, CNR = 5

等利得合成：$S=1.5^2$, $N=0.4$ なので，CNR=5.6

最大比合成：$S=(1/1.5+0.5^2/1.5)^2=0.69$, $N=0.2(1/1.5)^2+0.2(0.5/1.5)^2=0.11$ なので，CNR=6.3

**5.3** $\begin{bmatrix} 4 & 2 \\ 2 & 4 \end{bmatrix}$

**5.4** レイトレーシング法の方が計算時間や計算量は少なくて済むため，屋外などの広い範囲を対象にできる．一方，FDTD 法は空間を厳密に計算するためシミュレーション精度が高く，屋内などの限られた場所に適用できる．

**5.5** $L=149$ dB. $30+15+0-6-L=-110$

# 索　　引

**著者略歴**

いわ い ひさ と
**岩井 誠人**

1963 年　奈良県に生まれる
1989 年　京都大学大学院工学研究科電気工学第二専攻修士課程修了
現　在　同志社大学理工学部教授
　　　　博士（情報学）

まえ かわ やす ゆき
**前川 泰之**

1956 年　大阪府に生まれる
1984 年　京都大学大学院工学研究科電子工学専攻博士課程修了
現　在　大阪電気通信大学情報通信工学部教授
　　　　工学博士

いち つぼ しん いち
**市坪 信一**

1963 年　鹿児島県に生まれる
2001 年　九州大学大学院システム情報科学府情報工学専攻博士後期課程修了
現　在　九州工業大学大学院工学研究院准教授
　　　　博士（工学）

電波工学基礎シリーズ 2
**電 波 伝 搬**　　　　　　　　定価はカバーに表示

2018 年 12 月 1 日　　初版第 1 刷
2022 年 10 月 25 日　　　　第 2 刷

著　者　岩　井　誠　人
　　　　前　川　泰　之
　　　　市　坪　信　一
発行者　朝　倉　誠　造
発行所　株式会社　朝　倉　書　店
　　　　東京都新宿区新小川町 6-29
　　　　郵 便 番 号　１６２-８７０７
　　　　電　話　03(3260)0141
　　　　ＦＡＸ　03(3260)0180
　　　　https://www.asakura.co.jp

〈検印省略〉

新日本印刷・渡辺製本

JCOPY 〈出版者著作権管理機構 委託出版物〉

本書の無断複写は著作権法上での例外を除き禁じられています．複写される場合は，
そのつど事前に，出版者著作権管理機構（電話 03-5244-5088, FAX 03-5244-5089,
e-mail: info@jcopy.or.jp）の許諾を得てください．